你有多敏感，就有多珍贵

［美］詹恩·格兰尼曼（Jenn Granneman）
［美］安德烈·索洛（Andre Sólo）　著
王晋 译

Sensitive

中信出版集团｜北京

图书在版编目（CIP）数据

你有多敏感，就有多珍贵 /（美）詹恩·格兰尼曼，
（美）安德烈·索洛著；王晋译 . -- 北京：中信出版社，
2024.4

书名原文：Sensitive: The Hidden Power of the
Highly Sensitive Person in a Loud, Fast, Too-Much
World

ISBN 978-7-5217-6329-4

Ⅰ.①你… Ⅱ.①詹… ②安… ③王… Ⅲ.①心理学
－通俗读物 Ⅳ.① B84-49

中国国家版本馆 CIP 数据核字（2024）第 017984 号

你有多敏感，就有多珍贵
著者： 〔美〕詹恩·格兰尼曼 〔美〕安德烈·索洛
译者： 王晋
出版发行：中信出版集团股份有限公司
（北京市朝阳区东三环北路 27 号嘉铭中心 邮编 100020）
承印者： 北京通州皇家印刷厂

开本：880mm×1230mm 1/32 印张：9 字数：191 千字
版次：2024 年 4 月第 1 版 印次：2024 年 4 月第 1 次印刷
京权图字：01-2024-0805 书号：ISBN 978-7-5217-6329-4
定价：59.00 元

献给所有内心比外表柔软的人

目录

引　言

　　故事是从一个男孩和一个女孩开始的。两人从未谋面，但他们人生故事的开头一模一样。他们都来自美国中西部，父母都是蓝领阶层，家里并不富裕。家人不知道怎么对待他们才好，因为他们与其他孩子不一样，这一点在他们小时候就已经初露端倪。

　　有时，男孩看起来很正常。他遵守幼儿园的规则，对老师礼貌有加，对其他小朋友也很友善。可是，课间休息的时候，他会畏缩不前，仿佛操场上有什么让他承受不了的东西。他不去踢球，不去玩抓人游戏，也不去争当攀爬架大王，而是选择跑开。他把喊叫声和欢笑声抛于身后，躲进他能找到的唯一藏身之处：一段破旧的暴雨下水管道。

　　起初，老师们丝毫没有察觉，因为他总会在上课铃打响时溜回教室。有一天，他拿走了一个球玩，这样自己就不会感到孤单了。如果换个环境，别人可能会觉得他这样做很可爱，但幼儿园的球总是不够用，其他孩子看到他拿球跑了，满心不高兴。于是老师找到了他，一系列担忧由此触发。父母不理解他的行为，问道："你为什么要躲在下水管道里？你在里面干什么呢？"他的回答是："那里很安静。"可这样的回答并不能打消父母的疑虑。他们告诉他，不管他觉得多么吵闹，气氛是不是过于活跃，他都要学会和其他小朋友一起玩。

故事中的女孩呢？她没有逃跑。事实上，她似乎有一套读心的本事。她很容易就能感知每个小朋友想要什么或者什么能让他们高兴，因此成了孩子们的头头儿。很快，她就组织小朋友们完成了各种社区活动，比如一场有很多游戏和奖品的家庭盛会，一个有精心设计的鬼屋的万圣节。这些活动需要花费数周的时间准备，而她在完善细节方面可谓得心应手。然而，活动到来的那天，她并没有参与其中，没有边看木偶戏边开心欢呼，也没有玩完这个游戏再跑去玩下一个。相反，她远离了喧闹的中心，因为那里有太多人、太多情绪，有太多笑声、喊声，赢家太过喜悦，输家太过沮丧。她感到无法招架自己亲手操办的盛会。

这并非她唯一一次感受到过度的刺激。她必须剪掉衣服的肩带，免得皮肤被磨坏（她的母亲回忆说，当她还是个婴儿时，他们还得把原本可以包住小脚丫的睡衣改装一下，让她把脚露出来）。有一年夏天，她很兴奋地参加了一个为期一周的夏令营，但母亲不得不提前开车把她接回家，因为她在拥挤的床铺上根本睡不着，更不用说同住的还是十几个感情充沛、充满好奇心的同龄人。这个女孩的反应总是让别人感到奇怪和失望，而别人的反应也会让女孩感到奇怪和失望。对父母来说，她的行为着实令人担心：如果她没有办法适应现实生活怎么办？不过，母亲还是尽力鼓励她，父亲则提醒她必须大声说出自己的想法，而不是把事情藏在心里。可她有很多很多想法，数不清的想法，很少有人能理解。大家用各种各样的词来形容她，有时会用"敏感"，但大多数情况下，这个词并非意味着某种褒奖，而是一个需要修复的问题。

没有人说那个男孩敏感。当他在阅读和写作上表现出超过同龄人的水平时，人们确实称他为"天才"。他被允许在学校图书馆享用午餐，因此终于得以摆脱嘈杂的食堂，而且这里没有令人担忧的下水管道。虽然如此，同学们还是给他起了别的绰号。他们叫他"怪人"，最糟糕的是，叫他"胆小鬼"。另外，他总是掩饰不了自己的强烈感受，有时会在学校哭泣。他在看到欺凌行为时会崩溃大哭，即便那个被欺负的人不是他。

可随着年龄的增长，他逐渐成为别人欺凌的对象。其他男孩看不上这个喜欢幻想的孩子。他更喜欢在森林里散步而不是参加足球比赛，更喜欢写小说而不是参加聚会。他也没有兴趣去博得其他孩子的认可。这让他付出了代价：在走廊里被别人推搡，吃午餐时被别人嘲笑，体育课可能会成为"刑场"。在别人眼中，他是那么胆小柔弱，一个比他大的女孩竟然成了欺负他的头号角色。她一边用记号笔在他的衬衫上写下骂人的话，一边大笑不止。男孩不能把这些事透露给父母，尤其是父亲。父亲曾告诉他，如果受到欺负，就要还击，可男孩从来没有打过任何人。

女孩和男孩过着各自的生活，但都觉得世界上似乎没有像他们的人。两人都在寻找出路。对女孩来说，解决办法是退缩。到了高中，她每天都被学校生活压得喘不过气来，回到家后非常疲惫，躲在自己的房间里不和朋友见面。她经常因生病待在家里，虽然父母很宽容，但她猜想他们肯定很担心她。男孩呢？他的办法是学会表现得坚强，也就是说，他不关心任何人，仿佛自己能把他们全部打败。这种态度就像小孩戴了一顶大人的军用头盔一样，其合适程度可想而知。这种方法也没有达到预期的效果。其他孩子并没有尊重他，而是干脆躲着他。

很快，男孩开始逃学，和一群摇滚乐队的瘾君子混在一起。这些搞音乐的人和他有着同样深切的感受，从不评判他看待世界的方式。女孩被一个极端教会接纳。教会的人向她保证，他们不会把她当成怪人，反而认为她拥有神奇的力量，甚至会派上特殊的用场，不过她得按他们说的做。

没有人对他们两个说，你们是拥有敏感特质的完全正常的人，如果学会利用这种天赋，你们可以完成很多不可思议的事情。

缺失的人格特质

在一般的语境中，敏感可以指一个人的情感很强烈，比如喜极而泣、热情似火，或因受人批评而萎靡不振。敏感还可以体现在身体上，你可能对温度、气味或声音敏感。越来越多的科学证据表明，这两种类型的敏感真实存在，而且实质上是一回事。身体和情感上的敏感紧密相连。研究显示，如果你服用泰诺缓解头痛，你在同理心测试中的得分会降低，直到药效过了，成绩才会恢复正常。

敏感是人类的一个基本特质，与我们作为人类拥有的一些最佳品质息息相关。不过，正如我们所看到的，尽管科学界对其进行了充分的研究，但公众没有广泛的认识。如今，科技不断进步，科学家可以用可靠的方法测试一个人有多敏感。他们可以通过功能性磁共振成像发现敏感者大脑与他人大脑的差异，他们可以在科学研究中准确识别敏感者的行为，包括敏感所带来的强大优势。然而，大多数人——也许包括你的老板、父母或爱人——并不这样看待敏感，他们认为敏感不是一种真实可测的人格特质。

说得更确切一点儿，敏感往往被视为一件坏事。我们不鼓励孩子表现出敏感（"别哭了！"或"改掉这个毛病！"），我们用它来驳斥成年人（"你反应过头了！"或"你太敏感了！"）。我们希望本书能改变这种现状。在我们设想的世界中，敏感这个词在日常对话中很常见，我们可以在工作面试或第一次约会时说"我很敏感"，而对方会微笑，表示赞许。这样的要求似乎很离谱，但并非不能实现。内向曾经也是一个带有贬义的词，但如今的人们说自己内向是很常见的事。我们希望为敏感营造同样的环境。我们相信，将这种人类特质正常化，最终会让敏感者大放异彩——届时，社会将会从他们独特的天赋中受益。

在过去的 10 年里，我们与很多人进行了交谈，其中有人第一次了解敏感究竟是什么。明白了这一点后，曾经缺失的一环豁然补齐。有些人恍然大悟，知道了自己是什么样的人，以及为什么自己会做一些事；有些人终于站在不同的角度理解了自己的孩子、同事或爱人。因此，我们认为，敏感往往是一种缺失的人格特质。它缺失于我们的日常对话和我们的社会意识中，缺失于我们的学校、工作场所、政治领域、其他机构、家庭和人际关系中。

这一缺失的知识十分重要。正是因为它的缺失，敏感者才要隐藏自己的本来面目，就像故事中的男孩一样；正是因为它的缺失，敏感者才会感觉格格不入，就像故事中的女孩一样。也许你的生活中也缺失这一知识。如果是这样，那我们希望你在这本书中寻得安慰，加深对自己的了解。

本书为谁而写

本书为三种人而写。第一种人已经知道自己很敏感，甚至自认是高敏感者。如果你是这种人，我们希望本书的内容对你有用，可以让你学到新的东西。我们借鉴了许多学科的最新研究，如果你想利用自己可贵的天赋，保护自己免受过度刺激，本书提供的方法可以满足你的要求。不仅如此，我们还会帮助你扭转关于敏感的论调，这一点很重要。你将学会如何在一个常常压得人喘不过气来的世界不断成长，如何改变认为敏感很丢脸的固定思维，如何在需要时作为一个领导者挺身而出（即使你觉得自己不具备领袖潜质）。我们还希望你能够在这个日益喧嚣和残酷的世界中倡导打造一个更好、更敏感的时代。

第二种人可能从未想过自己是敏感者，但已经开始有所怀疑。

也许你一直知道自己在思考方式和反应方式上与别人不同；也许你内心十分敏感，但并不总是表现出来；也许你只是意识到自己在某些方面和我们的描述吻合。如果你正是这样的人，那我们希望本书能给你一些答案。等你了解到有人与你有着同样的挣扎、同样的经历时，你可能会感受到心绪平和。最后，你可能会自如地说自己很敏感。正如敏感者已经知道的那样，文字、名称和标签都是有力量的。通常情况下，给某样东西命名有助于我们理解它，并以一种健康的方式接受它、培养它。

第三种人是我们的贵宾，他们是从朋友、爱人、孩子或员工那里得到的这本书。如果你刚好属于这种人，那就代表你生活中的某些人知道自己很敏感，希望你能理解他们。送你这本书象征着一种信任。这可能意味着他们到现在为止在告诉别人自己很敏感这件事上一直很谨慎，担心别人会将敏感看作他们的弱点。这还可能意味着他们觉得很难用语言表达自己敏感这一事实。不管是哪种情况，送书的人可能都希望你读了本书后会理解他们的经历和需求，会接受他们。他们正在请求你和他们站在一起。

本书内容为何

本书的前半部分会让你清楚地了解敏感的真正含义，以及敏感者给世界带来了哪些优势。它还会让你明白你在哪些方面表现出了敏感，并判断自己是不是一个敏感的人。我们将探讨敏感背后的科学，以及所有敏感者与生俱来的 5 种强大天赋。我们还将研究这些天赋的代价，即过度刺激，以及敏感者如何克服这种代价并健康成长。最后，我们将重点讨论其中被误解最多的一种天赋，即"同理心"，以及如何将其从伤害的源头转化为改变世界的力量。

本书后半部分的内容更为具体。比如，一个敏感的人究竟如何做才能在生活中游刃有余？他们的需求与那些不太敏感的人有何不同？我们将谈到爱情和友谊中的敏感者，如何抚养敏感的孩子，敏感者如何建功立业，敏感型领导者拥有哪些强大的特征——他们往往是最有效率的领袖。最后，我们将讨论下一步该怎么做：我们怎样才能不再隐藏敏感的天性，而是开始珍视它？尽管我们生活在一个节奏太快、纷繁喧嚣的世界，一个日益严酷和分裂的世界，但我们相信，再也没有什么时候比现在更适合做一个敏感者了。事实上，我们这个世界面临的最大挑战恰好为敏感者发光发热提供了最好的机会。我们相信，只要我们能认识到他们的优势，他们就将成为我们现在最需要的领导者、治愈者和远见者。

敏感的力量

这一切并不容易实现，正如男孩和女孩所经历的那样。长大以后，两人都只找到了一半的答案。男孩独立生活，任由自己的思想驰骋。他一边写书，一边骑自行车穿越墨西哥，在星空下和衣而眠。这种生活方式很有意义，也不必担心受到过度刺激。但他仍然否认自己敏感，并将强烈的情感隐藏于心。

女孩很清楚自己是敏感的人，在所有事情上都很用心，但她打造适合自己生活的努力终成泡影。她谈过几次恋爱，换了不同的工作，包括记者、营销人员和教师，希望能使自己的生活充满意义。可是，她的敏感心灵每次都感觉受到了轰炸，直到她不知所措地回到家中，再一次感到心力交瘁。

后来，男孩和女孩相遇了。

奇怪的事发生了。女孩教会了男孩什么是敏感，而他终于不再隐藏自己的情感。男孩教会了女孩如何改变生活，让她不再觉得清醒的每一刻都疲惫不堪。很快，他们二人携起手来，同心合力建立了一个网站，并一点一滴建立了各自幸福而敏感的生活。

再后来，他们成了本书的作者。

故事中的男孩和女孩就是我们。叫"詹恩"的女孩离开了那个有害身心的教会，过上了一种力量来自内心而非他人认可的生活。叫"安德烈"的男孩放下了自行车——他坚持说这是暂时的——并且学会了为自己敏感的心而自豪。我们一起创建了世界上最大的针对敏感人士的网站"敏感避难所"。我们是敏感的人，并且为此感到自豪。

敏感者有很多方式可以变得强大，而我们的故事只呈现了其中一种。每个敏感者都可以选择自己的路，但有一步是所有人都必须迈出的，这也是最难的一步：不再将敏感视为一种缺陷，而是将其视为一种天赋。

第一章
敏感： 是耻辱还是超能力？

我无法忍受混乱。我讨厌嘈杂的环境。艺术会让我热泪盈眶。不，我不
是疯子，我只是高敏感者的典型例子。

——安妮·玛丽·克罗思韦特

时间退回到 1903 年。毕加索在红磨坊的舞池中跳舞，夜总
会的电灯彻夜通明，欧洲城市以迅雷不及掩耳之势迈入新时代。
上下班的人乘坐的有轨电车在轻便马车随处可见的街道上穿行，
电报让遥远的地方不再遥远，爆炸性新闻几分钟便可以传遍各大
洲。科技还以迷人的方式走进了千家万户。聚会上，留声机播放
着人们喜欢的音乐。这些歌曲可能在为晚上去电影院烘托气氛，
也可能是为了掩盖安装现代下水道时挖路的声音。乡村也是一派
热闹的景象，农民们第一次用上了机械化设备。生活正在发生翻
天覆地的变化，人们相信进步总归是好事。

德国德累斯顿市并不打算落后于人。市领导想要炫耀自己的进步，于是借鉴了其他城市的成果。他们举行投票，成立委员会，并宣布在全市范围内举办博览会，外加一系列公共演讲。其中一位演讲者就是早期的社会学家格奥尔格·齐美尔。虽然现在很少有人听过齐美尔的名字，但他在当时颇具影响力。他率先使用科学方法研究人与人之间的互动。齐美尔的研究涉猎很广，从金钱在幸福中扮演的角色到人们调情的原因，几乎涵盖了现代生活的方方面面。不过，政府官员如果希冀他对"进步"赞不绝口，那就大错特错了。齐美尔走上讲台，迅速抛出了指定他讲的那个话题。可是，他并没有谈论现代生活的辉煌，而是要讨论它对人类灵魂的影响。

齐美尔指出，创新确实提高了效率，但也创造了一个让人们大伤脑筋、费力追赶的世界。[1]他描述了一个喧闹、节奏快、日程过满的世界中源源不断的"外部和内部刺激"[2]。齐美尔的观点远远领先于他的时代，他很早便提出人们的"心理能量"[3]是有限的——我们现在知道他说的这一点大致没错，比如刺激性高的环境会消耗人们更多的心力。他解释说，我们内心的一个维度，即围绕成就和工作的一面，也许追得上环境的刺激，但精神和情感方面绝对会被消耗殆尽。齐美尔说，人类对这种生活太过敏感。

令齐美尔尤为关注的是人们的应对方式。由于无法对每一条新信息做出有意义的反应，受到过度刺激的人很可能会变得"无动于衷"，或者简单地说，变得冷漠无情。[4]他们学会压抑自己的感情，以交易的方式对待彼此，不那么在乎别人的感受。毕竟，他们是不得已而为之。每天，人们都会听到来自世界各地的可怕消息，比如在几分钟内就让 2.8 万人丧命的培雷火山爆发，还有英国在非洲设立了惨绝人寰的集中营。与此同时，人们走在路上，被无家可归的人绊倒，对电车里拥挤的陌生人视而不见。他们怎么可能对遇到的每一个人都表现出同理心？就算是简单的点头示意也很难。所以，他们出于必要，关上了心门。充满苛责之声的外部世界已经吞噬了他们的内心世界，一并吞下的还有他们与人建立关系的能力。

齐美尔警告说，这种超负荷的生活让我们面临"被摧毁、被吞没"的危险。[5] 你可能已经预料到了，他的话最初遭到了人们的嘲讽，但一经发表，却成为他最受关注的文章。这篇文章被迅速传播，因为它说出了很多人的心声：这个世界的变化速度太快，纷繁喧嚣。

这已经是 120 年前的事了。当时，人们的生活大都还以马车般的速度向前迈进，互联网、智能手机和社交媒体尚未出现。如今的生活比以前更加繁忙，我们要工作很长时间，在很少有人帮助的情况下照顾孩子或年迈的父母，在办各种杂事的间隙给朋友发信息联络感情。我们的压力如此之大，我们如此疲惫、如此焦虑，这一点儿也不奇怪。即使是世界本身，客观上讲，也比齐美尔所处的时代面临更多的过度刺激。据估计，我们现在每天接触的信息量比生活在文艺复兴时期的人一生接触的还要多。[6] 截至 2020 年，我们每天产生 2 500 000 000 000 000 000 字节的数据。[7] 按此推算，人类历史上大约 90% 的数据都是在过去 5 年里产生的。从理论上讲，这样海量的数据归根结底是为了进入人类的大脑。

作为高级动物的人类无法承受这种无限的输入。我们的大脑是一个敏感的工具。相关研究人员已达成共识，正如齐美尔警告的那样，大脑只能处理一定量的信息。[8] 如果超过这个极限，每个人，不管个性如何，不管坚强与否，最终都会负担过重。他们的反应会开始变慢，决策力也开始下降，他们会变得易怒或容易疲惫。如果不停下脚步，他们就会精疲力竭。这就是我们作为一个有智力、有情感的物种所面对的现实。就像一台超负荷运转的引擎，我们的大脑最终需要时间冷却。正如齐美尔所知，人类真的是一种敏感的生物。

不过，齐美尔不知道的是，每个人的敏感程度并不相同。事实上，有些人在身体和情感上的反应天生就比其他人更为强烈。这些敏感的人对我们这个纷扰的世界拥有深度感知。

敏感是不是丢脸的事？

虽然你在看这本书，但你可能也不愿意被人称作"敏感的人"，更不用说"高度敏感的人"了。对很多人来说，"敏感"是一个犯忌的字眼，听起来像是一个弱点，好似承认自己有罪，或者更糟糕，它仿佛是一种侮辱。在日常生活中，敏感的意思有很多，其中大多数与羞耻有关。

- 当我们说某人敏感时，我们真正的意思是他开不起玩笑，容易生气，太爱哭，感情容易受伤，承受不起反馈或批评。
- 当我们说自己敏感时，我们的意思往往是我们习惯于反应过度。
- 敏感常常与温柔和女性化有关。一般来说，男性尤其不希望被视为敏感的人。
- 敏感话题是指那些有可能冒犯、伤害、激怒听众或使听众感到尴尬的话题。
- 同样，"敏感"这个词往往与强调性的词同时使用，比如"不要太敏感"，"你为什么这么敏感？"。

　　鉴于这些定义，如果你因为别人说你敏感而感到不快，那也是不无道理的。举个恰当的例子，当我们撰写本书时，好奇的亲朋好友问我们这本书是关于什么的。我们回答说："高度敏感的人。"听到我们的回答，偶尔有人会十分兴奋，因为他们知道这个词的含义。"我就是这样的人！"他们热情地说，"你们说的可不就是我嘛。"但绝大多数时候，人们对我们所谈论的内容有错误的认识——他们对敏感的误解显而易见。有些人认为，我们在写一本关于社会如何变得过于政治正确的书；有人认为，我们是在教人如何不那么容易生气（"过于敏感的人"这个词出现了不止一次）。

　　还有一次，我们请一位作家朋友审读本书的初稿，给我们提一些建议。在阅读过程中，她意识到自己就是一个敏感的人，而她的男友也符合书中有关敏感的描述。对她而言，这个意外发现深深肯定了她内心的想法。然而，当她向男友提起这个话题时，对方立刻开始辩解。"如果有人说我敏感，"他反驳道，"我真的会生气。"

所以，敏感作为性格的一个维度，已然有了坏名声。它被人们错误地与弱点联系在一起。它被看作一种必须修复的"缺陷"。你若在谷歌上输入"敏感"这个词，就会明白我们的意思了。截至 2021 年 12 月，与之相关度最高的 3 个搜索结果是"多疑""尴尬""自卑"。你还可以输入"我太敏感了"这句话，结果会出现这样的文章标题："我太敏感了，怎样才能坚强起来？"[9]"怎样才能不这么敏感？"[10]大家对敏感的误解甚至使敏感者自己产生了一种内在的羞耻感。多年来，我们为敏感人士运营着一个名为"敏感避难所"的网络社区。虽然人们对这一话题的认识在不断加强，但读者还是经常问我们这样一个问题："我怎样才能不那么敏感？"

当然，答案不是停止敏感，因为在现实中，这些与羞耻有关的定义根本不是敏感的真正含义。

敏感的真正含义是什么

关于敏感的研究始于对婴儿的一次简单观察。[11]有些婴儿面对新的景象和气味时会感到不安，而有些则无动于衷。20 世纪 80 年代，心理学家杰罗姆·凯根及其团队在实验室里对大约 500

名婴儿进行了一系列测试。研究人员把维尼熊玩具挂在婴儿面前，用棉签蘸着稀释的酒精，放在他们鼻子附近，并且把一张脸投射到屏幕上，放出一种合成的可怕声音。有些婴儿几乎没有任何反应，在整整 45 分钟的实验过程中一直很平静。但有些婴儿则动来动去，不停地踢腿、扭动、拱背，甚至哇哇大哭。凯根给这些婴儿贴上了"高反应"[12]的标签，而其他婴儿则是"低反应"或处于中间位置。高反应型婴儿似乎对环境更敏感，这种性格可能是与生俱来的。那么，它会伴随他们一生吗？

现在，我们知道这个问题的答案是肯定的。凯根及其同事对许多婴儿进行了跟踪调查，直到他们长大成人。那些高反应型婴儿到了三四十岁就变成了高反应型大人。他们的反应依旧强烈。他们承认在人群中会感到紧张，想问题时思虑太多，还会担忧未来。不过，他们工作很努力，在许多方面表现出色。大多数人在学校成绩优异，事业蒸蒸日上，和其他人一样容易交到朋友。[13]很多人都发展得很好。他们还讲述了自己如何在生活中建立自信、保持平静，同时仍旧保有敏感的内心。

虽然凯根将这种性格与恐惧和担忧联系起来，指出它与杏仁核（大脑的"恐惧中心"）有关，但我们现在知道这是一种健康的品质。数十名研究人员已经证实了这一发现[14]，其中最值得一提的是伊莱恩·阿伦，她可以说是敏感研究领域的创始人[15]。（事实上，凯根在高反应型婴儿身上观察到的恐惧在他们成年后基本消失了。[16]）如今，凯根研究的这一品质见于许多名称，比如高敏感人群、感觉加工敏感性、情境生物敏感性、差别易感性，甚至"兰花型和蒲公英型",其中敏感者属于兰花型。然而,提出各种术语的专家一致认为,这些词指的是同一种性格。近年来,人们倾向于将这些理论概括为"环境敏感度"。基于研究人员的成果,我们将这种特质称为"环境敏感度",或简称为"敏感力"。

不管你使用哪种叫法,敏感力的定义都是指感知、处理并对环境做出深度反应的能力。这种能力体现在两个层面:(1)通过感官感知信息;(2)彻底思考这些信息,或发现这些信息与其他记忆、知识、想法之间的诸多联系。与非敏感者相比,敏感者在这两个方面做得更多。他们自然而然地从环境中获取更多的信息,更深入地处理这些信息,并最终被这些信息影响。这种深度处理大多是无意识的,许多敏感者甚至没有意识到自己在这样做。这个过程适用于敏感者所接收的一切信息。

不过,我们更喜欢一种相对简单的定义:如果你很敏感,所有事情都会对你产生更深的影响,而你的感知和反应也会更多。

事实上,用"反应灵敏"这个词代替"敏感"可能更合适。如果你是一个敏感的人,你的身心会对周围世界做出更多的反应。面对心碎、痛苦和损失,你的反应更为强烈,但这同样适用于美、创意和快乐。当别人只触及表面时,你会深入思考。当别人已经放弃并转向其他事情时,你还在思考。

不只是艺术家和天才

敏感是正常生活的一部分。所有人,甚至动物,在某种程度上都对所处的环境很敏感。我们都有哭泣、感情受到伤害、面对压力不知所措的时候，我们也都有深刻反思、惊叹于美、钻研令我们着迷之物的时候。不过，有些人从根本上说，对周围环境和亲身体验的反应比其他人更为强烈。这些人就是高敏感者。

和其他人格特质一样，敏感也是一个连续体，从低敏感到中敏感，再到高敏感，每个人都可以找到自己的位置。这三个类别都是正常、健康的。敏感的人并不少。最近的研究表明，高敏感者约占人口的30%（还有30%的人是低敏感者，而其余40%介于两者之间）。[17] 换句话说，敏感并不是少有的幸运，不是艺术家和天才的专利。在每个城市、每个工作场所、每所学校，每三个人中就有一个敏感者。敏感在男性和女性中同样普遍。男性可能会被告知不要敏感，但这并不能改变他们是敏感者的事实。

真心话：敏感对你来说意味着什么？

"我很敏感，一生中的大部分时间，我都认为自己有缺陷，因为在我认识的人里，没有人像我一样。现在，我把敏感看作上天的恩赐。我有很多奇思妙想，内心生活十分丰富。我从来不觉得无聊。我为一些朋友感到遗憾，因为他们的生活只停留在表面，从未深刻体会过自然、艺术和宇宙的瑰丽。他们从来不问有关生命和死亡的宏大问题，他们只是谈论看了什么电视节目，或者下周日要去哪里。"——萨利

"对某些人来说，敏感这个词有易怒或软弱的含义。但是，能够在情感上理解他人的感受以及自己的感受，这可能是一笔巨大的财富。在我看来，敏感是尊重并善待自己和他人的一种方式。这种感悟很特殊，

也很重要，不是每个人都有的。"——托德

"作为一个男人，'有毒'的男子气概意味着，被贴上敏感的标签就等于被人说是娘娘腔、喜怒无常或易怒。在现实生活中，这些词和我一点儿关系也没有。我十分清楚自己是什么人，自己的感受是什么，我知道那些标签并不符合事实，但我不知道确切的标签是什么，直到我偶然看到了一些关于高敏感者的文章。"——戴夫

"我过去常常把敏感看作一个贬义词，因为父亲会对我说'你太敏感了'。现在，我的看法变了。我为自己很敏感而感到高兴。我知道，在这个可能异常冷漠的世界上，敏感是件好事。总的来说，即使我可以用敏感交换别的东西，我也不会换。我能够从深层欣赏周围的一切，对此我心生欢喜。"——勒妮

"我曾经认为敏感是个弱点，因为我的原生家庭和我的前夫经常说我需要长大，需要脸皮厚一点儿，还说我反应过度。我经常因此出丑。不过，现在他们都离开了我的生活，我把敏感看作一种力量。实际上，我回到了学校，正在攻读第二个硕士学位。我想改行做一名治疗师。我将用我的敏感来帮助别人。"——珍妮

你敏感吗？

也许你能在晚宴上比其他人更早尝出霞多丽葡萄酒中橡木的味道，也许你会愉快地陶醉在贝多芬的《第九交响曲》中，也许你会边看宠物营救视频边热泪盈眶，也许你因为旁边有人不断打字而无法集中注意力。这些可能都是高敏感的迹象。很多人都比

自己想象的更为敏感。

下面有一份清单，上面列着敏感者最常见的特征，你可以自己检查一番。你勾选的项目越多，就说明你越敏感。不过，并不是说满足了所有选项或者书中介绍的每一点，才是敏感的人。要知道，敏感是一个连续体，每个人都会落在程度从低到高的某个点上。

此外，要知道，你的生活经历会影响敏感的表达。如果你从小就被教育要设定有益的界限，那么你可能从来没有像某些敏感者那样艰难地取悦他人或避免冲突。你的其他性格特质也会在你做选择时施加影响。如果你觉得自己是外向型人格，而不是内向型人格，那么你可能比内向型敏感者需要更少的休息时间。

下面哪种描述适合你？

☐ 一般来说，你倾向于三思而后行，在行动之前给大脑一定的思考时间。

☐ 你会注意到一些微妙的细节，比如画作中笔触之间细微的色彩差异、同事脸上一闪而过的微表情。

☐ 你会有强烈的情绪，比如愤怒或担忧，你很难摆脱它们。

☐ 你很容易与别人共情，甚至对陌生人或只在新闻中听过的人也是如此。你很容易站在别人的立场上考虑问题。

☐ 别人的情绪真的会影响你。你很容易理解别人的情绪，能够做到感同身受。

☐ 在嘈杂忙碌的环境中，比如拥挤的商场、音乐会或饭店，你会感到压力和疲劳。

☐ 你需要大量的休息时间来保持精力充沛。你经常发现自己从人群中退出，以便让神经平静下来，并厘清自己的头绪。

☐ 你能很好地理解别人，并能以惊人的准确性推断他们的想法或感受。

☐ 看暴力或恐怖的电影场面，或是目睹任何对动物或人类的残忍行为时，你很难受。

☐ 你讨厌仓促的感觉，喜欢细心地做好每一件事。

☐ 你是一个完美主义者。

☐ 你在压力之下很难表现出最佳状态，比如老板在评估你的工作或你在参加比赛时。

☐ 有时环境就是你的敌人。一把靠背很硬的椅子、太亮的灯光、太响的音乐都会让你觉得无法放松或集中注意力。

☐ 你很容易被突如其来的声音吓到，比如有人悄悄走到你的身旁。

☐ 你是一个喜欢探索的人。你会对生活进行深入的思考，想要弄清楚事情为什么是这样的。你可能一直想知道为什么其他人不像你一样被人性和宇宙的奥秘吸引。

☐ 衣服的舒适度真的很重要。摩擦皮肤的面料或比较紧的衣服，比如腰带很紧的裤子，会影响你一整天。

☐ 你的疼痛耐受力似乎比其他人低。

☐ 你的内心世界十分鲜活，别人会说你富有想象力和创造力。

☐ 你会做特别逼真的梦（包括噩梦）。

☐ 你似乎比其他人更难适应变化。

☐ 别人会说你害羞、挑剔、紧张、戏剧化、太敏感或难伺候。

☐ 还有人说你认真、深思熟虑、睿智、有洞察力、热情或敏锐。

☐ 你可以把房间观察得特别仔细。

☐ 你对饮食和血糖水平的变化很敏感。如果你在该吃东西的时候没有及时吃上，你可能会感到"饿怒"（饥饿＋愤怒）。

☐ 对你来说，一丁点儿咖啡因或酒精就能起很大的作用。

☐ 你很容易哭。

☐ 你渴望和谐的人际关系，所以冲突会让你非常苦恼，甚至可能让你感到身体不适。因此，你可能会讨好别人或不遗余力地避免分歧。

☐ 你渴望有深度、有感情的人际关系。事务性的关系或泛泛之交对你来说是不够的。

☐ 你的思维运转速度很快，所以经常感到与其他人不同步，这可能会让你觉得十分孤独。

☐ 别人的话对你很重要，你无法做到不在乎别人伤害性或批评性的话语。

☐ 你善于自我反省，很清楚自己的长处和短处。

☐ 你很容易被艺术和美深深打动，比如一首歌、一幅画，或仅仅是阳光倾洒在秋叶上的景象。

你也可以试试下面这份简单的自我评估，看看哪些事情对你来说很容易，哪些事情对你来说颇具挑战性。如果你和大部分选项有共鸣，那你可能是一个敏感的人。

我很容易……	我很难……
• 读懂别人的情绪或意图。	• 应付他人的强烈情绪，特别是愤怒、压力或失望。
• 做事细心，速度慢，但标准高。	• 在压力或别人的监视下快速工作。
• 注意到别人忽略的细节。	• 优先考虑自己的需求。
• 寻求有利于集体的全局解决方案。	• 无视干扰性的气味、质地或噪声。
• 在日常生活中发现美和意义。	• 忍受过于繁忙或活跃的环境。
• 进行艺术创作，具有创造力，或提供独特的见解。	• 待在丑陋或恶劣的环境中。
• 感他人之所感，特别是在别人受到伤害时。	• 观看暴力场面或阅读有关暴力的描写。

也许你平生第一次意识到自己是一个敏感的人。如果是这样，欢迎加入我们，你并不孤单。事实上，你有很多同伴。历史上许多伟大的学者、艺术家、领袖和运动发起者都是敏感人士。如果没有敏感的心，世界就不会有下面这些成就：

- 进化论
- 细菌理论
- 《西区故事》
- 《星球大战》的主题音乐
- 种族隔离制度的终结
- 日本吉卜力工作室

- 《我知道笼中鸟为何歌唱》
- 网飞公司
- 需求层次理论
- 油画《吻》
- 《独立宣言》
- 第一个非同质化代币（NFT）
- 《弗兰肯斯坦》
- 《罗杰斯先生的邻居》①

最重要的是要知道，不要因为敏感而认为自己不完整或有毛病。事实上，你拥有一种超能力，那是一种人类在几百万年里一直依赖的能力。

进化优势

敏感不仅很正常，而且是件好事。事实上，科学家认为它是一种进化优势，有助于生物体在各种环境中存活。如果你想要证据，只要看看有多少物种拥有这种特性就可以了。[18] 列举起来可不止100个，包括猫、狗、鱼、鸟、啮齿动物、昆虫和众多灵长

---

① 做出这些成就的人分别是查尔斯·达尔文、吉罗拉摩·法兰卡斯特罗、杰罗姆·罗宾斯、约翰·威廉姆斯、纳尔逊·曼德拉、宫崎骏、玛雅·安吉罗、里德·哈斯廷斯、亚伯拉罕·马斯洛、古斯塔夫·克里姆特、托马斯·杰斐逊、凯文·麦考伊、玛丽·雪莱和弗雷德·罗杰斯。我们不能确定这些人是否认为自己很敏感，但根据采访、传记或他们自己的说法，他们都表现出了高敏感者的共同特征。

类动物。更重要的是，研究人员发现，敏感在不同的灵长类动物谱系分支中已经进化了多次。[19] 这有力地表明，敏感有利于生存和社会发展。只要跟踪观察恒河猴，你就可以看出这些益处。[20] 一项研究发现，在母亲的关怀下，敏感的恒河猴会成长为早熟聪明的个体，抗压能力较强。它们经常成为猴王。敏感在动物界随处可见。你可能见过特别狡猾的松鼠，你想把它从喂鸟器旁边赶走，它却总能得逞。你可能还养过特别聪明的宠物。（詹恩有一只猫，名叫"玛蒂"，我们觉得它高度敏感——它竟然学会了打开橱柜的门。）

在早期人类中，这种优势可能更加重要，而且今天依然如此。毕竟，敏感者能够观察到规律，注意到关键细节，这种能力意味着他们往往善于预测事件的发生。他们拥有强烈的直觉。直觉和敏感之间的这种联系是可以衡量的。[21] 在一项研究中，敏感者在赌博游戏中的表现优于其他人。还有一项用计算机模拟自然选择的研究，结果显示，随着时间的推移，敏感者最终领先于不那么敏感的人。[22] 实际上，敏感者花了更多的时间研究自己的选择，并将其与过去的结果进行比较，而这种辨别力逐渐为他们赢得了更多的资源，足以抵消他们额外花费的时间和精力。

因此，研究人员推测，敏感者可能会增加整个人类物种的生存概率。如果你可以看到或听到别人错过的东西，你就能更好地躲开捕食者和威胁，或更好地找到资源。如果你可以从自己的错误中很好地吸取教训，你就不会犯第二次错误，而且能帮助别人避免落入陷阱。如果你可以读懂他人，包括他们没有说出口的话，你就能更好地建立联盟，促进合作。

在苔原地带或丛林中，敏感是一种优势。敏感者可能曾是人类的天气预报员、精神导师和追踪者。把同样的特质应用于教师、股票操盘手或首席执行官身上，你就可以看到敏感者在今天仍能蓬勃发展，即使社会的普遍看法并非如此。

世界需要敏感者和他们的超能力

有一位护士，她并不喜欢抱怨，但总觉得什么地方不对劲儿。[23] 她最近照顾的病人是一位中年女士，刚做完心脏瓣膜手术，正在恢复中。这位护士在泰德·泽夫的《敏感的力量》一书中讲述了自己的故事，但她不希望自己的名字被大家知道。所以，我们就叫她安妮吧。安妮是一名加拿大护士，有超过 20 年重症监护的工作经验。"虽然我是那种喜欢在快节奏的重症监护室里亢奋工作的护士，但轮到我休息的时候，我会躺在沙发上看电影，从工作的过度刺激中恢复过来。"她说，"我的同事常常调侃我，因为我的休息方式与他们追求刺激的行为迥然不同。"[24]

当时，安妮照顾的病人恢复得很好，医生认为不需要进一步护理了。对安妮来说，她大可把这位病人从她的工作日程中删除，将其交由外科团队来照顾。但直觉阻止了她。每次安妮查房时，病人的情况似乎都比先前差。比如，病人只有靠右侧躺着才觉得舒服，这很不正常。

安妮那会儿刚刚了解到自己是一个敏感的人，所以当天来上班时，她敏锐地意识到了自己的这种超能力。在办公室梳理当天的工作情况时，她想："如果病人的身体想要给我传达一些信息，那会是什么呢？我为什么这么担心她呢？"[25] 也许，敏感的她发现了团队中其他人还没有发现的东西。往常下班时，她会很平静，仿佛知道自己白天帮助了别人，所以可以放心回家。可今天，她却没有那种安心的感觉。

安妮思忖，如果她与医生唱反调会发生什么。不守本分的护士会被训斥或需要重新接受培训，有时甚至会被解雇。即使不会发生最坏的情况，安妮也不想冒犯或惹恼同事，因为她知道紧张的关系会影响对病人的护理。她承认，最重要的是，她有点儿害怕这位病人的主治医生。

尽管很害怕，安妮还是知道她需要做什么：必须说出自己的担忧。"我知道，我可能掌握着她活下来的唯一机会。"[26] 她说。当一位医生否定了她的担忧时，她没有放弃，又去找了一位医生。这位医生相信了她的话，问她是否应该用便携式彩超机给病人做一次心脏扫描，看看心脏内是否有积液。安妮答应了，尽管她并不愿意在未经主治医生同意的情况下这样做。检查结果很快出来了，她的直觉是对的。病人的心脏里有一个很大的血块。再过几分钟，她的心脏就会停止跳动。

病人被火速送入手术室，血块被取出。因为安妮的举动，病人完全康复了。后来，医生告诉安妮，如果没有她，病人就会死。安妮说："我很荣幸可以用我高敏感的天赋帮助她。我现在知道，敏锐的观察力和内心的力量有助于我从多个层面看清全局。"[27]

如果再让她选一次，她就不会那么害怕手术医生团队可能会有的反应了。"我会和气但有力地解释我的担忧，因为我知道有人会听取我的建议。"这件事传开后，安妮成了重症监护室的英雄。

敏感能成为工作中的优势，碰到这种情况的不止安妮一人。她的故事告诉我们，敏感不仅是个人的超能力，而且是一种经过进化、有利于整个人类的特质。如果你或你的亲人生病了，安妮就是你希望能够遇到的那种护士。敏感力能救命。

擅长深度处理的敏感大脑

那么，像安妮这样的敏感者是如何做到的呢？是什么赋予了他们超能力？答案就在于人类大脑的工作原理。

对神经元来说，各种输入信息，从货运列车的轰鸣声到爱人脸上的微笑，都只是待处理的数据点。有些大脑，比如敏感者的大脑，会花费更长时间更深入地处理这些信息。我们可以把大脑比作一个无聊的青少年，他正做着兼职工作，周围一半的事情都没有入他的心。我们也可以把大脑比作一位律师，他会仔细研究案件的每个细节。敏感者的大脑就是律师，而且像顶级律师一样不会停工。深入思考是它与生俱来的能力。

这些差异已有科学证据的支撑。2010 年，杰蒂佳·雅盖洛维奇及其团队使用功能性磁共振成像观察敏感者的大脑。[28]他们分别观察了高度敏感和不太敏感的人，同时向他们展示了自然场景的黑白图像，比如周围有栅栏的房子或田间一捆一捆的稻草。随后，研究人员以某种方式改变这些图像，再次给被试看。有时变化很大，比如栅栏多了一根柱子，有时变化很小，比如其中一捆稻草被稍微放大。

你可能以为自己知道下面将会发生什么，但如果你猜测高度敏感的人会比不太敏感的人更快发现差异，那么你就错了。相反，高敏感者花了稍长的时间才注意到这些变化，特别是那些微小的变化。研究人员指出，他们之所以花了更长的时间，可能是因为"他们更密切地关注场景的微妙细节"[29]。（如果你在社交媒体上搜索别人分享的找不同图片，而且花了很长时间才找出不同，那你可能是一个敏感的人。）

科学家在查看大脑的扫描图片时，发现了另外一个差异。高敏感者大脑中与视觉处理、评估复杂性和细节有关的关键区域——而非处理与表面特征有关的信息的区域——明显更为活跃。具体来说，高敏感者的顶叶内侧和后部以及颞部和左侧枕颞区更为活跃。即使研究人员控制了其他特质，比如神经质和内向性，这些差异仍然存在。换句话说，是敏感力而非其他特质使他们在处理信息时更加深入。

另外，这种深度处理在体验结束后并没有停止，敏感者的大脑在继续工作。我们之所以知道这一点，是因为比安卡·阿塞韦多的研究。[30] 阿塞韦多是美国加利福尼亚大学的神经科学家，她研究了休息时的敏感大脑。在研究中，阿塞韦多和她的团队成员设计了一个同理心试验，对参与试验的敏感者的大脑进行扫描。被试观看快乐、悲伤或中性事件的图像和描述，然后观看他们认为重要的人以及陌生人表现出相应情绪的图片。在观看照片的间隙，研究人员要求他们从一个很大的数字开始倒数，每次都减去7，"从而洗刷任何一种情绪的影响"[31]，阿塞韦多解释说。看完每张图片后，被试还要描述自己的感受。最后，研究人员让他们放松，然后扫描他们的大脑。

研究人员发现，即使在情感事件结束后，甚至在洗刷产生的情绪后，敏感者的大脑也在深入处理相关的事件。阿塞韦多解释说，这种处理深度"是高度敏感的主要特征"[32]。因此，如果你经常发现自己在别人转移注意力很久之后还在反思一些事情，比如某个想法、某起事件或某次经历，那么你可能是一个敏感的人。

当高智商遇到高同理心

大脑的这些差异说明身体和情感上的敏感力为何本质上属于相同的特质。不管是明亮的顶灯、孩子的微笑，还是新的科学理论，敏感的大脑都会花更多的时间处理一切。反过来，敏感力会以不同的方式表现：深思熟虑的高智商，以及心通意会的高同理心。如果你与其中一点而非另一点的关系更密切，那并不是说你不敏感。很多敏感的人确实倾向于一个方向，但你同时具备两方面的能力。

事实上，敏感大脑所做的深度处理极具价值，所以敏感力往往与聪慧挂钩。丹佛天才发展中心主任琳达·西尔弗曼表示，大多数天才高度敏感，特别是那些在智力上排名前 1% 或 2% 的资优人士。她告诉我们："我做临床研究超过 42 年，有 6 500 多名儿童在天才发展中心接受了个体智力量表的评估，结果显示资优和敏感力之间存在关联。一个人的智商越高，就越有可能符合高敏感者的特征。" [33]

对成功音乐人的研究支持了这些发现。[34] 心理学家詹妮弗·O. 格莱姆斯研究了奥兹音乐节上来自世界各地的表演者。奥兹音乐节是美国规模最大、最狂野的重金属音乐节之一。格莱姆斯发现，这些摇滚乐手在幕后往往敏感孤僻，与他们在舞台上张扬的个性正好相反。不过，这种模式并不只存在于艺术领域。敏感意味着在任何情况下都能深入思考，所以高敏感力会催生科学创新和优秀的商业领袖。一个人越敏感，看到的关联就越多，而这些关联往往会被其他人遗漏。他们还可能是温暖的、有同理心的人，这更是加分项。

不要将敏感力与其他特质混淆

了解什么是敏感很重要，同样重要的是，不要将敏感与其他特质混淆。敏感与内向、孤独症、感觉处理障碍或创伤是不同的。

我们很容易看到内向被误认作敏感、敏感被误认作内向的情况。最近，内向的污名化已然减轻，这从某种程度上讲要归功于苏珊·凯恩的开创性著作《安静》。然而，尽管内向者和敏感者往往有一些共同特征，比如需要定期休息、思考深入、拥有生动的内心世界，但敏感的污名化程度依然很高。（包括伊莱恩·阿伦在内的一些专家认为，与其说凯恩笔下所写的是内向者，不如说是高敏感者。[35]）如果你对环境更为敏感，你可能宁愿少和人们待在一起，从而减少刺激，这不无道理。

然而，内向者和敏感者之间存在一些关键的区别。内向描述的是一种社交取向：内向的人喜欢较少的人陪伴，喜欢独处。而敏感描述的是一个人的环境取向。因此，我们可以说，内向者主要因为社交而感到筋疲力尽，而敏感者则因为高度刺激的环境而感到筋疲力尽，无论这种环境是否涉及社交。事实上，阿伦估计，大约30%的敏感者属于外向型，而70%属于内向型。[36] 因此，你可以是一个外向型的敏感者，善于表现，在交际中不断成长；可以是一个内向型的敏感者，喜欢孤独和安静。（换句话说，内向和外向与敏感并不冲突。）

同样，孤独症患者和敏感者可能也有一些共同点，比如倾向于避免某些气味、食物或材料质地，或受不了某些刺激。然而，根据阿塞韦多的研究，孤独症患者和敏感者的大脑存在差异。其中一个差异是，二者在处理情感和社交线索方面几乎完全相反。具体来说，敏感者的大脑在与平静、激素平衡、自我控制和自我反思有关的区域显示出高于典型的活动水平。而孤独症患者的大脑在与平静、情感和社交能力相关的区域活动水平较低。孤独症患者可能不得不学习如何领会社交线索，而敏感者几乎不费吹灰之力就可以明白别人的意思，而且比不太敏感的人更容易明白。从这一对比中，我们可以看出孤独症患者和敏感者的区别。

有时，感觉处理障碍会与敏感混淆，因为这两种情况都涉及对刺激的反应。不过，感觉处理障碍是指大脑在接收和响应感官信息时出现了问题。例如，患有这种障碍的儿童可能对刺激反应过度，别人一碰他，他就会尖叫。他还可能对刺激反应不足，在操场上表现得很迟钝。虽然一定程度的感觉不适确实是敏感的一个特征，但它并不像感觉处理障碍那样会妨碍日常表现。另外，感觉不适不是敏感的唯一特征。而敏感意味着大脑会进行异常深入或精细的信息处理。

创伤是指任何对神经系统来说过于强烈，因此当下无法处理的事情。虐待、食物匮乏或暴力等严重情况可能导致创伤，失去珍视的人际关系（或失去宠物）、生病或被人欺负等经历也可能导致创伤。经历创伤会从根本上改变神经系统，使幸存者处于高度警惕和过度觉醒的状态。敏感者因为大脑的深度处理也很容易进入过度觉醒的状态。我们把这种经历称为"过度刺激"，并会在第四章详细讨论。专家一致认为，敏感者可能比其他人更容易遭受创伤，因为他们对所有刺激的反应都更为强烈，包括造成创伤的刺激。[37] 然而，创伤和敏感从本质上说并不是一回事。[38] 阿塞韦多发现，敏感者和创伤后应激障碍（PTSD）患者的大脑存在差异。

还要说明一点，就像一个人可以既是高个子又是左撇子一样，敏感的人也可能同时伴有另一种特质、病症或障碍。例如，你可以是一个敏感的人，同时患有创伤后应激障碍（或抑郁症、焦虑症、感觉处理障碍等）。但敏感本身并不是一种病。没有医生会给你诊断为高敏感者，而且敏感不需要治疗。虽然如此，敏感者还是可以从学习如何处理过度刺激和如何进行情绪调节中受益。有些人甚至开始认为敏感是神经多样性的一种形式。神经多样性理论指出，大脑之间的差异不应被视为缺陷，相反，它们是正常人类特质的健康变化。敏感的人与不太敏感的人相比，对世界的感知不同，需求也不同。敏感并不是不合标准或有所缺陷，它其实有助于人类蓬勃发展。

"韧性迷思"

你现在可能正在思考自己或你认识的某个人是不是敏感的人。一定要记住，敏感者并不总能一眼看出来。他可能是一位男士，因为对恋爱的情感深度和强度有着不同寻常的渴望而感到与约会脱节。她可能是一个新手妈妈，想知道为什么自己不能像其他妈妈那样看起来应对自如。她可能是一名员工，因为工作环境的竞争性质或老板的不道德行为而感到苦恼。他可能是一名士兵，他的直觉救了整个部队。她还可能是一位科学家，因为喜欢追根究底而获得了重要的医学突破。

换句话说，敏感的人并不总是那么容易被人发现。在许多文化中，社会要求我们隐藏自己的敏感。我们把这种态度称为"韧性迷思"，它告诉我们：

- 敏感是一种缺陷。

- 只有强者才能生存。

- 感情用事是软弱的表现。

- 同理心会让你被人利用。

- 越能忍越好。

- 休息或寻求帮助很丢人。

因此，很多敏感者会淡化自己的敏感程度，或否认自己很敏感。他们可能会戴上面具，表现得和大多数人一样，不过他们从小就知道自己和别人不一样。虽然身体在乞求休息，但他们还是去参加另一场令人筋疲力尽的聚会，或者承担另一项要求苛刻的工作。他们假装自己没有被美妙的歌曲或凄美的电影深深打动。他们可能会哭，没错，但那是在独居的家里，远离众目睽睽。

"韧性迷思"尤其对准了敏感的男性。在许多文化中，他们从小就被教导：男孩从来不哭，只有能够承受身心痛苦的男人才是真正的男人。法比奥·奥古斯托·库尼亚就是这样一个人。他住在巴西，这个国家以大男子主义闻名，认为男子气概等同于勇气、力量和权力，有时甚至包括暴力。库尼亚在我们的网站"敏感避难所"上写道："在我的一生中，我总是觉得格格不入，很难按照传统方式表现出男性'该有'的样子。我永远无法融入男人之间竞争味十足的对话。就好像别人都没有我那种感觉，他们看待世界的方式也和拥有敏感心灵的我不同。在我生命的不同阶段，特别是青少年时期，我曾经强迫自己去适应。我有一群男性朋友，我试图像他们一样表现得'坚强'。可当我独自一人时，我会读书、听歌、看电影，只有这时我才会发现真正的自己和我敏感的天性。这一切几乎都是秘密进行的，仿佛我有一个隐藏的身份。"[39]

女性也没有逃脱"韧性迷思"的影响，只是方式不同罢了，比如她们会因为"太情绪化"而遭到解雇。内尔·斯卡弗尔是位编剧、导演和制片人，《小女巫萨布琳娜》就出自她手。她在从事第一份电视写作工作时与"韧性迷思"不期而遇。她在一篇文章中写道："我想，如果我的男同事没有注意到我是敏感的女人，他们就会让我留下来。"[40]所以30年来，她一直在工作中压制自己的情绪。"我对失望不予理睬，对骚扰一笑置之。当一位男领导向我解释为什么他拿我的工作邀功理所当然时，我脸上报以微笑，内心却在尖叫。"

事实上，斯卡弗尔说，男人——那些所谓更坚强的人——被赋予了一个迥然不同的标准。他们可以有各种各样的脆弱，只要用愤怒遮掩一下就好。有一次，他们在与一家网络公司开完一场艰难的会议之后，一位男同事跺着脚走进办公室，大骂了一句，把他的剧本扔到桌子对面。斯卡弗尔写道："我突然意识到，愤怒也是一种情绪。但没有人觉得他'歇斯底里'。当一个男人气冲冲地走出房间时，人们会说他义愤填膺；如果换作女人，那就是不稳定、不专业的表现。"[41]

那些被社会边缘化的人——比如有色人种或LGBTQ+人

群（性少数群体）——在谈到"韧性迷思"时可能面临双重问题。他们已经受到了歧视和有害刻板印象的影响，所以可能不愿意再被他人视为敏感的人。当他们的身份已经因为肤色或性取向而受到密切关注时，敏感这个词可能会让他们觉得自己的身份更加狭隘。不过，如果接受自己的敏感，他们中的很多人都会感到心中充满力量。迈克尔·帕里斯曾为 LGBT 关系网撰写高敏感方面的文章，他这样解释道："了解了我的高敏感特质后，我不再觉得自己是个受害者，也不再评判自己和他人。它让我自由自在地当个同性恋，没有给我的性取向添加任何不必要的成见。"[42]

黑人尤其如此，他们经常说别人希望他们树立一种坚强有力的形象、一种不露情感的形象，以便应对种族主义的压力。[43]"敏感避难所"的撰稿人拉内莎·普赖斯就是这样一位敏感的黑人女子。她回忆说，自己在美国肯塔基州一个白人居多的小镇上长大。当时，有人用一个带有种族歧视的名称称呼她。父亲没有给她讲是怎么回事，没有让她打破砂锅问到底[44]，而是坚持要她保持自信，不要让情绪流露（还让她以牙还牙，用"见鬼去吧"进行回击）。"身为黑人女性，你所受到的教育是，你不是必须强大，而是本身就很强大，仅此而已。"她写道，"很多次，数不清有多少次，我内心的感觉和我被教导要成为的样子完全不同。"结果，普赖斯觉得自己似乎出了问题。"如果我躲进自己的房间，开始享受敏感的我所渴望的独处时间——所有高敏感者都需要这样的时间来处理他们的想法和感受——别人就会说我'行为古怪''喜怒无常'，或者嘲笑说我有心理问题，需要看医生。"普赖斯直到 30 多岁时遇到一位出色的治疗师，才接受了自己的敏感，终于相信自己不再需要隐藏情绪。

这种需要隐藏敏感的压力一直存在，所以敏感在很大程度上未被世人得见。我们经常赞扬敏感人士所取得的成就，比如能改变生活的音乐专辑、能改变世界的民权运动等，但我们自己却试图压制敏感。善良很好，但不要成为心肠太软的人；独具匠心很好，但不要表现得太过怪异。你可以表达自己的感受，但不要过于强调，不要要求所有人都认真对待你的感受。换句话说，"韧性迷思"掠夺了我们，它让我们在健康、工作和生活的平衡、允许别人对待我们的方式，以及我们如何对待彼此上做出了有害的抉择。也许，正如齐美尔警告的那样，当我们试图硬着头皮面对这个难以抵挡的世界时，我们的怜悯之心便消失了。

因此，也许是时候尝试一些新的方法了。

"敏感之道"

让我们回到齐美尔在德累斯顿发表的那次演讲。他谈道，在我们所处的世界，城市居民的感官受到了各种信息的轰炸，人们变得冷漠无情。[45] 100 多年后的今天，这种轰炸非但没有减轻，反而变本加厉。如果你是一个敏感的人，你就会深刻感受到世界过多的纷扰。当你寻找爱情、抚养孩子或上班时，你都可以感受到。你体会到的大起大落要甚于旁人，你很容易在齐美尔描述的那种环境中感受到过度刺激。

因此，敏感者向我们展示了一种不同的方法。你可以把他们的观点称为"敏感之道"。"敏感之道"是指在内心深处相信生活的质量比表面的成绩更有价值，人与人之间的联结比支配他人更令人满意。当你花时间反思自己的经历并跟随自己的内心行动时，你的生活会更有意义。与"韧性迷思"相反，"敏感之道"告诉我们：

- 每个人都有极限（这不是什么坏事）。
- 成功来自合作。
- 理解并帮助别人会得到回报。
- 我们可以从自己的情绪中学到很多东西。
- 当我们照顾好自己时，我们会更好地成就大事。
- 保持平静可以和真实行动一样美好。

如果我们开始听从"敏感之道"而非"韧性迷思"，会怎么样？如果敏感的心声开始让别人听到，会怎么样？如果我们不再隐藏敏感，而是开始接受它，会怎么样？毕竟，德累斯顿的政府官员从未要求齐美尔谈论现代生活对心灵的影响，他是在未经允许的情况下发表那番言论的。我们需要一个大胆而善于思考的人说出所有人都知道的那个秘密：经济发展固然是好事，但人类幸福的进程更胜一筹。

如此一来，你的敏感可以成为世界的一份礼物——尽管有时它像是一个诅咒。在本书中，我们将会庆祝你作为敏感者所拥有的特殊优势，并教给你方法减少和克服所面临的挑战。我们希望，在这段旅行结束时，你会把自己的敏感看作一件好事，就像身为本书作者的我们所做的那样。

在这段旅程开始之际，你要先了解是什么让你变得敏感，以及伴随敏感而来的惊人优势。

第二章
敏感增强效应

我觉得，整个人生就是一个整理以往信息的过程。

——布鲁斯·斯普林斯汀

舞台上的布鲁斯·斯普林斯汀简直燃爆了。作为摇滚乐坛的传奇人物，他 70 多岁的时候依然活力四射。一位评论家写道，他"上演了 3 个小时的超级音乐盛会，好似谷仓燃烧，炸弹坠落，房顶炸开，天空撕裂"。[1] 正是这种能量为他赢得了"老大"的绰号，并使他的歌迷如痴如醉。歌迷中有许多人和斯普林斯汀本人一样，也是蓝领阶层出身。对他们来说，斯普林斯汀是坚强、勤奋、反叛的美国精神的象征，用他的一首歌来说，就是"不屈服"。粉丝们可能会用各种形容词来描述他，但"敏感"并不会在优先之列。

如果这些歌迷在台下遇到斯普林斯汀，他们也许会感到惊讶。他曾告诉记者，他小时候是一个"相当敏感的孩子，非常神经质，心中满是焦虑"。[2] 电闪雷鸣的时候，他会吓得大叫；每当妹妹哭的时候，他都会跑过去照顾她。斯普林斯汀自称"十分依恋母亲"[3]，他在回忆录《生为奔跑》中透露，自己有时会紧张到咬手指的关节，"每分钟眨几百次眼"。害羞和敏感不会为他赢得同学的喜欢。斯普林斯汀写道，他很快就成了"一个无意的叛逆者，一个被抛弃的怪人，一个不合群的柔弱男孩……他疏远别人，别人也疏远他。他可以说是一个在社交层面无家可归的人"。那会儿他只有 7 岁。

斯普林斯汀有几首最出名的歌，其灵感来自父亲道格拉斯。父亲不喜欢儿子敏感的性格。父亲体壮如牛，是一个崇尚力量、坚强和战斗力的工人。斯普林斯汀在回忆录中提到，父亲对他的不满表现为对他的疏远，以及每晚喝了酒后对他的责骂。（道格拉斯·斯普林斯汀后来被诊断为"偏执型精神分裂症"。）他很少表现出父亲对儿子的那种骄傲。有一次，布鲁斯发现他喝醉了，对母亲大吵大嚷。布鲁斯很爱母亲，他担心母亲受欺负，于是拿了一根棒球棍走到父亲身后，使劲砸在他的肩膀上。老斯普林斯汀转过身来，满眼怒火，但没有爆发，而是大笑起来。这成了父亲最喜欢讲的一个故事：也许他的儿子还是有强硬的一面的。

斯普林斯汀的经历并非个人专属，很多敏感的人小时候在他人看来都脆弱不堪。父母想要把他们变得和其他孩子一样，或者说，让他们坚强起来，就像日后同事、朋友，甚至爱人所想的一样。这些努力并没有走上正轨。敏感其实是一种力量，而他们做的这些努力根本不起作用。道格拉斯·斯普林斯汀就是一个很有说服力的例子。正如他所发现的那样，任何吼叫都不能使儿子不再敏感。这是因为，不管儿子是不是摇滚天王，敏感都已深入他的骨髓。

那么，是什么让你变得敏感？敏感在生活中能对你有什么帮助？科学家并没有完全找出敏感的原因，但随着技术的进步，他们已经发现了一些重要线索。

基因的作用

20 世纪 90 年代，科学家发现了 5-羟色胺转运体的短等位基因，认为这种基因会引发抑郁症。抑郁症可比任何单一基因解释都复杂，所以我们不如说 5-羟色胺转运体会增加一个人罹患抑郁症的风险。关于两者之间的关联，证据似乎十分确凿：多项研究表明，有短等位基因的人更有可能在面对艰难时变得抑郁或焦虑不安。[4] 这是有一定道理的。短等位基因在一个区域的遗传密码比长等位基因短，它会影响 5-羟色胺的产生，而 5-羟色胺在调节情绪、幸福感和快乐方面起着重要作用。因此，许多研究人员认为短等位基因和抑郁症之间存在关联。但琼·乔认为这个结论尚待商榷。[5] 身为一名神经科学家，琼接触的数据表明，东亚人，比如她自己，更有可能携带这种基因变体。事实上，这种可能性几乎是西方白人的两倍。大部分时间，琼的身边都是亚洲人和亚裔美国人，可她发现，这些人似乎并不比其他人的抑郁程度高。当然，身为科学家，琼没有把自己的个人经验作为证据，而是决定展开调查。在很多人拥有这种基因的地区，包括东亚，抑郁症的发病率是否更高？

要得到答案并不是一件容易的事。琼需要把几十项研究和世界卫生组织的数据汇集，用两张地图的形式展示。她的这篇文章发表于 2010 年，其中一张地图标注了这种基因最常见的地区，另一张地图标注了抑郁症发病率最高的地区。琼推断，如果短等位基因真的是"抑郁症基因"，那么这两张地图看起来应该大致相同，但事实并非如此。如果你把两张地图并排放在一起，你就会发现它们有些地方是背道而驰的。虽然有很多东亚人拥有这种基因，但他们抑郁的症状并不明显。相反，在美国和欧洲部分地区，人们拥有这种基因的概率并不高，但抑郁的症状十分显著。

单从地图上看，如果你认为拥有这种基因的某些人不会得抑郁症（其实不然），那也情有可原。琼有所疑虑，所以进一步研究了其他可能性，比如抑郁症在西方是否存在过度诊断，而在亚洲则诊断不足。（情况也许如此，但可能不足以解释这种巨大的差异。）然而，她的所有线索都没有得到证实。到底发生了什么？为什么有抑郁症基因的人没得抑郁症？

社会支持的重要性

琼并不是唯一一个提出这个问题的科学家，有些研究人员也在寻找线索。例如，一项研究发现，拥有短等位基因的人在经历了创伤性事件（在这项研究中是飓风）后，如果他们认为自己有良好的社会支持，那么他们患抑郁症的风险并不比拥有长等位基因的人高。如果他们缺乏这种社会支持，那么他们患抑郁症的风险就会增加 4.5 倍。[6] 还有一项针对寄养青少年的研究，也得出了类似的结论。[7] 如果拥有短等位基因的青少年在生活中有一个可以信赖并依靠的大人，他们就不会很容易得抑郁症。只有在缺乏这种支持的情况下，他们患抑郁症的风险才会更高。

慢慢地，一幅新的画面浮现于眼前。琼在比较这些地图时意识到，短等位基因在集体主义文化中更常见，比如东亚国家。也许在这些崇尚持久关系和家庭亲密性等文化特征的地方，人们会得到更多的社会支持，这有助于抵御抑郁症的产生。这与美国等崇尚个人主义的地方形成鲜明对比。在个人主义文化中，人际关系往往不稳定，更容易被取代。事实上，那些拥有短等位基因的人也许从社会支持中得到了更多的东西。例如，其他研究发现，与拥有长等位基因的人相比，拥有短等位基因的人更容易理解和预测他人的情绪，也更容易做出反应。他们也许可以更准确地评估风险，并且更有创造力和同理心。后来，科学家鲍德温·韦、马修·利伯曼在 2010 年得出了类似的结论。在研究中，他们给短等位基因起了一个新名字：社会敏感基因。[8]

现代基因研究方法

如今，科学家不再寻找像 5-羟色胺转运体这样的单一候选基因来解释人类特征。[9]大多数遗传性状，即使是像身高和肤色这样看似简单的性状，也是由许多基因控制的，而非仅仅一个。（这就是我们与父母的身高不完全相同，肤色也不完全一样的原因。）研究人员可以使用机械臂将DNA（脱氧核糖核酸）样本滴在微型化学反应盘上，以此扫描一个人的整个基因组，一次就能检查数百万个基因变体。如果研究人员有足够多的样本，并重复这个过程，比如从用来追溯祖先的DNA数据库中提取样本，那么他们可以确定与某一性状相关的成千上万个基因变体。这些基因中的任何一个都不足以引发或消除某个性状，但它们在某种程度上做出了一定的贡献。因此，我们可以把敏感和大多数其他特质看作一个人整个基因组所呈现的一种模式。你的基因组越符合这种模式，你就越敏感。

目前，这项关于敏感的研究工作仍在进行，相关的模式还没有被完全确定。不过，5-羟色胺转运体基因可能是构成该模式的一种基因。研究人员现在把5-羟色胺转运体基因称为"可塑性基因"[10]，因为它似乎使人们对环境更加开放，允许环境对他们施加更大的影响。其他可塑性基因包括MAOA（单胺氧化酶A）、DRD4（多巴胺受体D4）和其他多巴胺系统基因。多巴胺系统被称为大脑的"奖赏中心"。这一发现可能表明，敏感者不仅体验世界的方式不同，还想从生活中获得不同的东西。

归根结底，"反应性"这一特质也许可以解释与抑郁症的关系。显然，如果你对生活中的事件有更强烈的反应，那么负面事件可能会对你造成更大的伤害。例如，与其他人相比，如若失去工作或重要的关系，你更有可能患上抑郁症。但反应性也有助于解释为什么这种关联并不总是存在。例如，当拥有可塑性基因的人得到支持、鼓励和肯定时，会发生什么？他们仍然对环境有强烈的反应，但作用是积极的，他们因此拥有了其他人没有的优势。我们把这种优势称为"敏感增强效应"。这种增强作用使敏感者在得到基本支持时，站在了能够远超他人的跳板上。因此，这些人患抑郁症的风险很低是有道理的，他们因为强大的积极效应而与环境中的负面因素隔离开来，但其他人则不然。

换句话说，你越敏感，从好的或坏的经历中得到的东西就越多，这主要是由基因决定的。

敏感的三种类型 [11]

敏感不是由一个基因决定的，这一事实有助于解释为什么没有哪两个敏感者是一模一样的。到目前为止，研究人员已经确定了三种主要的敏感类型。

感官阈值低：你对感官接收的信息很敏感，比如视觉、嗅觉、听觉和触觉。或者用我们喜欢的话说，你是一台超级传感器。这种类型的敏感一方面决定了你对环境的适应程度，另一方面决定了你感受到过度刺激的速度。如果下面这些倾向中有哪一条符合你，那么你的感官阈值可能比较低。

■ 你在拥挤或忙碌的地方会感到疲倦，或者很快觉得难以承受。

- 你对少量的咖啡因、酒精、药物或其他物质有强烈反应。
- 吵闹的声音（比如闹钟或喊叫声）、扎人或不舒服的面料（比如羊毛衫）或明亮的灯光会让你感到十分困扰。
- 你对温度的轻微变化很敏感，比如房间有点儿热或冷。

容易兴奋：你很容易对情感刺激做出反应，既包括来自自己内心的情感刺激，也包括来自他人的情感刺激。你是一个"超级感受者"。这种类型的敏感往往伴随着一种与生俱来的能力，即能读懂别人。但这也意味着你可能会因细节产生压力，或在痛苦的情绪中挣扎得更厉害。如果你有下面这些行为或感觉，你可能属于这种类型的敏感。

- 你很容易吸收别人的情绪和情感。
- 你需要大量的休息时间让神经系统平静下来，并为自己充电。
- 如果在短时间内有很多事情要做，你就会感到压力或焦躁不安。
- 你很容易感到"饿怒"。
- 你对身体疼痛非常敏感（你对疼痛的耐受力弱）。
- 你极力避免犯错（因为错误会让你感到十分尴尬或羞耻）。
- 你很容易受到惊吓（你有很强的惊吓反射）。

审美敏感：你密切注意周围的细节，特别是艺术性的细节。你是一个唯美主义者，一个特别懂得欣赏艺术和美的人。下面这些信号可能说明你具有高度的审美敏感。

- 你会被音乐、诗歌、艺术品、小说、电影、电视节目和戏剧深深打动，会被一个装饰精美的房间或自然界中一个引人注目的场景打动。
- 你对清新的气味或味道（比如美酒）有很强的欣赏力。
- 你可以注意到别人忽略的小细节。
- 你知道需要做出哪些改变使一个令人不舒服的环境有所改善（比如调低恒温器的温度或让光线变得柔和）。
- 你富有想象力，内心世界丰富多彩。

如果你是一个敏感的人，你可能在这三个方面都有很强烈的反应，你也可能只在其中一个或两个方面有比较强烈的反应。伦敦玛丽女王大学的行为科学家迈克尔·普吕斯是全球顶尖的敏感研究专家。他指出，除了这三种敏感，有些人只会对消极经历（比如糟糕的一天、损失、创伤等）做出更多的反应，而有些人则会对积极经历（比如观看励志电影或得到老板的赞赏）做出更多的反应。造成这些敏感差异的一个原因在于我们的基因变异。研究人员科里纳·U.格雷文和朱迪思·R.洪贝格在《高度敏感的大脑》其中一章里谈道："敏感是多方面的，是高度灵活的，既受基因变异，也受生活经历的影响，包括童年时期的环境。"[12]

下面我们就来谈谈敏感的另一个原因：童年时期的环境，包括你所处的第一个环境——母亲的子宫。

"9·11"事件幸存者的子女

2001 年 9 月 11 日上午，美国世贸中心周边地区成千上万的人生活照旧。[13]《子宫里的人生起跑线——孕期关键九个月塑造孩子一生》一书的作者安妮·墨菲·保罗指出，这些人中包括大约 1 700 名孕妇。当双子塔因飞机撞击而倒塌时，这些孕妇被卷入混乱。[14] 有些人拼命在大楼倒塌前逃出去，有些人则在邻近的大楼里目睹了这一恐怖场面。这些孕妇中大约有一半后来患上了创伤后应激障碍，这在"9·11"事件幸存者中十分常见。[15] 在经历恐怖袭击后很久，她们仍深信自己处于危险之中，尽管她们已经安全。她们会有惊恐发作，会做噩梦，受到一丁点儿惊吓就会跳起来。

同一天上午，在大约 24 千米外，雷切尔·耶胡达来到布朗克斯退伍军人事务医疗中心上班。[16] 她找到一台电视，观看了恐怖事件的报道，同时开始思考"9·11"事件对幸存者的长期影响。身为创伤后应激障碍专家，她在职业生涯中一直在为大屠杀幸存者和越战老兵提供服务。1993 年，她开设了世界上第一家专门为大屠杀幸存者服务的精神病诊所。当时，她预计会有很多直接遭受过纳粹暴行的人打来电话，但结果出乎预料。她接到了更多幸存者的成年子女打来的电话，他们和打电话的幸存者的比例约为 5∶1。保罗在书中写道，耶胡达告诉她："幸存者的下一代中有很多人出现了创伤后应激障碍的症状。"[17] 尽管他们在生活中没有经历过特别的创伤，但他们有着和父母一样的噩梦、一样的焦虑，甚至一样的过度警觉。

　　当时的理论是，创伤幸存者的子女因听到父母的故事、看到他们的挣扎而深受影响。这种经历使他们更加恐惧、更加焦虑，对世界上无处不在的危险更加敏感。不过，耶胡达并不这样认为。在随后的几年里，她继续与人合作发表了几篇文章，研究创伤对幸存者子女的影响。她发现，"9·11"事件幸存者诞下的婴孩，其皮质醇水平与母亲的相似。皮质醇水平是预测一个人是否会罹患创伤后应激障碍的关键指标。如果"9·11"事件发生在孕晚期，这种影响最为强烈。后来的一项研究又发现了一点儿变化：如果母亲而非父亲有创伤后应激障碍，那么孩子更有可能患上创伤后应激障碍。[18]

　　究竟是怎么回事呢？这些胎儿还太小，无法聆听和理解母亲经历"9·11"事件的可怕故事，所以典型的那种解释并不成立。既然创伤发生在孕晚期时效果最强，那么孩子遗传了增加罹患创伤后应激障碍风险的基因这一解释并不充分。母亲的创伤经历会不会在孩子出生前就传给了他？

来自先辈的信息

　　耶胡达偶然发现的这个结果就是科学家现在所说的表观遗传学。表观遗传学是一个较新的研究领域，研究的是我们的经历会如何改变基因的工作方式。[19]另外，影响基因表达的不仅是我们自己的经历，还有我们先辈的经历。简单地说，表观遗传标记会开启或关闭某些基因，使一个物种能够对环境做出快速反应。并非所有变化都是永久性的，而且这些标记实际上并未改变你的DNA代码。

想象一下，你的基因就是一座图书馆，每本书都包含着如何塑造你的说明。表观遗传学能帮助你选择阅读哪些书，把哪些书留在书架上。战争、大屠杀或"9·11"事件之类的创伤性事件可以改变基因的表达方式，但生活中的正常事件也可以改变它，比如饮食、运动和衰老就可以改变我们基因的工作方式。此外，表观遗传学有助于解释为什么有些人很敏感。

表观遗传学的证据来自最近一项关于草原田鼠的研究。[20] 草原田鼠呈棕色，看起来和老鼠很像。在杰伊·贝尔斯基等人的研究中，有些怀孕的田鼠被放在气氛紧张的环境中（和它们被关在同一个笼子里的是一只具有攻击性的田鼠），而另外一些田鼠处于正常的环境中。接下来，它们生下的幼鼠被交给其他父母抚育。这些父母中有一半很会照顾后代，对草原田鼠来说，这意味着频繁的哺乳、舔舐和梳理毛发。另一半父母则比较粗心大意。当幼鼠成年后，科学家评估了它们的焦虑程度。

科学家对研究结果没有任何疑问。在所有第二代田鼠中，母亲压力很大，但自己受到很好照顾的后代是最不焦虑的，甚至与母亲没有受到压力的田鼠相比，焦虑程度也是最低的。母亲产前受到压力，后来又没有得到很好照顾的田鼠最为焦虑。母亲没有受到产前压力的田鼠介于两者之间，它们是否受到很好的照顾对它们的焦虑程度没有什么影响。

乍一看，这些结果可能没什么大不了的，但实际上极具开创性。在此之前，科学家只关注产前压力的坏处，比如"9·11"事件之后传递给后代的创伤。但是，就像天文学家可能被一粒尘埃蒙蔽一样，社会科学家也可能被简单的人类偏见蒙蔽。有时，这种偏见是可以被原谅的。正如一位发育研究人员对我们说的，没有人请你在孩子一切正常的时候研究他们。因此，早期关于敏感的研究集中在那些有问题的人身上。不过，贝尔斯基和普吕斯却有着不同的看法。与5-羟色胺转运体基因类似，也许产前压力会以某种方式增强可塑性，在孩子出生前向他们传递一个"信息"。压力可能向孩子发出这样的信号："小心！外面的世界很狂野。"这个信息使他们在出生后对环境有更强烈的反应。与母亲产前压力较小的孩子相比，他们更有能力应对一个波动的世界，这就是敏感增强效应。

故事的另一半

在先天遗传和后天培养的大辩论中，大家普遍接受的答案是："两者都起了一定的作用。"而这一观察结果特别适用于敏感的人，因为他们的遗传模式使他们对后天培养的反应更为强烈。有一点你可能没想到，科学家已经赋予了两者确切的比例。基因对你的敏感程度负有约47%的责任，另外53%取决于科学家所说的环境影响。[21]（这是普吕斯通过研究双胞胎得到的结论。这些双胞胎具有相同的基因，但在敏感度测试上得分不同。）因此，像家庭、学校和社区这样的影响因素可以使你更加敏感，与其他特质相比，它们对你是否敏感的影响可能更重要。

尤其值得一提的是，研究人员认为，我们刚出生那几年的经历特别重要，但他们并不知道到底是哪些经历使我们变得更敏感或更不敏感的。普吕斯在采访中告诉我们："这是一个有待探索的重要问题。"[22]

最近的一项美国研究给我们提供了一点儿提示。在这项研究中，李智及其同事研究了儿童敏感度在一年内的变化。[23] 他们把实验室装扮成客厅的样子，让孩子们在里面拼拼图、玩游戏。有一次，研究人员给了孩子们一些甜点，告诉他们要等会儿再吃，以此测试他们的耐心。研究人员在寻找敏感的迹象，比如创造力、深度思考、面对挑战时的坚持。研究人员甚至做了一些奇特的事情，看看孩子们会有什么反应。在一个实验中，一个头上套着黑色塑料袋的陌生人走进屋子，待了90秒后离开。他没有说一句话，甚至没有看孩子们一眼。这个实验的目的是看敏感的孩子是否会比不太敏感的孩子更害怕（他们并没有）。在另一个实验中，李智及其同事假装头部或膝盖受伤，痛苦地大叫——他们是在测试敏感的孩子是否会表现出更多的同理心（他们确实如此）。所有孩子在参加第一次实验时大约3岁，回来参加第二次实验时大约4岁，两次实验内容大多是重复的。

研究人员接受了如何寻找微妙反应的专门训练。他们知道，敏感的孩子往往更愿意与他人建立积极的关系，但在此过程中也会更内敛。因此，李智的团队会寻找一些微妙的迹象，例如孩子希望通过自己的礼貌表现和认真遵守指示来取悦研究人员。他们还预计，敏感的孩子会监测自己的表现，并在做决定之前对反馈进行反思。另外，研究人员认为，敏感的孩子在一般情况下会更加谨慎，并更加努力地控制自己的情绪，包括冲动。

李智还想了解一下孩子们的家庭生活。他们的家庭是深不可测、混乱不堪的，还是很有安全感、十分稳定的？他们的父母是善良、细心、公平的，还是苛刻、心急、严厉的？他们是不是在孩子犯了错或捣乱时大声训斥他们？为了评估家庭环境，研究人员观察了孩子最近一次行为不端时母亲与孩子谈话的情况。他们还评估了孩子的认知功能和行为问题，比如抑郁、注意力问题和攻击性。

在最后一个实验完成后，研究人员进行了统计，他们发现了一个有趣的模式：一张 U 形图。那些生活环境最极端的孩子，不管得到很多支持还是完全被忽视，在这一年中都保持一致的高度敏感性。那些生活在普通或中性环境中的孩子，没有得到特别的支持，但也没有被完全忽视，他们的敏感程度实际上是下降的。正如草原田鼠那项研究一样，在支持性环境中长大的敏感儿童受益最大，他们的认知功能最好、行为问题最少。

为什么呢？科学家并不完全确定，但他们认为这与身体能量使用的规律有关。敏感者的大脑会努力工作，可能会在各种事情上花费更多的时间、消耗更多的能量。在支持性环境中，尽管会消耗能量，但孩子也可能会从变得敏感中受益。因为敏感，他们能够更好地学习和成长——他们充分利用了身处的特殊环境。可悲的是，在恶劣的环境中，孩子也可能从敏感中受益，这能帮助他们对威胁保持警惕，并在行动之前仔细评估眼前的情况。这还能帮助他们遵守监护人的要求，监护人的行为可能变化无常，对孩子们的需求不敏感，或对他们严加管束。

还有一些在中性环境中长大的孩子。他们可能不会变得敏感，因为敏感对他们没有多大好处。敏感对他们来说是一种能量浪费，因为他们没有什么威胁需要抵御，也没有什么丰富的经验可以学习。正如任何一个敏感的大人会告诉你的那样，对环境做出强烈反应可能令人疲惫，是耗费精力的事，不应该轻易踏上这条路。

因此，我们现在又有了一条关于敏感原因的线索。在早年的生活中，如果你的成长环境很恶劣，你可能会变得更加敏感，将其作为一种生存手段。然而，如果你在一个可以得到很好支持的环境中长大，你也可能会变得更加敏感，这样你便可以吸收任何一点儿好处。

优势敏感性的力量

那么，早期的生活经历到底有多重要呢？[24] 如果你没有继承多少敏感的遗传模式，但父母在你小时候经常吵架，那么成年的你会是一个高度敏感的人吗？不一定。如果你确实继承了敏感基因，但你是在中性环境中长大的，那么环境是否会抵消基因的影响呢？可能不会。所以，早期的生活经历会增加你的敏感性，但遗传模式必须首先存在。回到上文关于孩子的那项研究，那些敏感测试得分已经很高的孩子在一年中的变化几乎没有其他孩子大，这可能是因为他们的基因已经使他们变得敏感。正是那些一开始敏感度较低又成长在极端环境中的孩子，敏感度提高得最多，因为他们正在适应环境。

普吕斯告诉我们，如果敏感只是一种创伤反应，那么它将是相当罕见的，但事实并非如此。[25] 敏感的人无处不在——大约占人口的 30%，而且其中大多数人有着普通的童年。对普吕斯来说，这意味着敏感所提供的优势必须大于科学家最初的发现。

普吕斯通过回顾数据发现了这个优势。如果这种优势超过研究人员最初的想象，会怎么样？如果敏感者实际上已经准备好了过这样的生活，如果条件成熟，他们的成就就能超越他人，甚至成熟的条件是晚些时候才获得的，会怎么样？普吕斯将这一想法称为"优势敏感性"。该理论认为，高敏感是一种适应性特质，不管受到哪种支持，它都可以使益处最大化。

为了验证这一理论，普吕斯带领团队做了一项抑郁症研究，这项研究不是基于 5-羟色胺转运体基因的，而是基于被试对自身敏感性的评分。[26] 重要的是，他的研究着眼于那些已经度过儿童早期发展阶段的青少年。他们不仅年龄较大，而且住在英国最贫困的地区。据统计，他们不太可能拥有稳定的家庭，因此处于罹患抑郁症的高风险之中。但是，如果优势敏感性这一理论是正确的，那么最敏感的青少年应该是克服能力最强的人。

在这项研究中，所有青少年都上了抗抑郁课程。该课程持续了大约 4 个月，教青少年认识和抵御抑郁症状的技巧。他们在课程前、课程中和课程后的几个时间点接受了抑郁症评估，以衡量课程对他们有何帮助。结果十分惊人。从整体上看，课程似乎没有什么影响，直到他们在敏感测试中的得分被考虑在内。事实证明，敏感度较低的青少年几乎没有从课程中得到任何好处，而对敏感的青少年来说，课程是一个巨大的胜利：他们在课程期间和课程结束后至少一年内克服了抑郁症。研究人员后来没有做跟踪调查。这些青少年的成功似乎驳斥了早期的模式。他们童年时期的成长环境也许是最艰难的，但敏感不仅能帮助他们生存，还使他们超越了同龄人。

这些研究结果已经在其他年龄段和不同成长环境中的敏感者身上得到了验证。濒临离婚的敏感者如果接受关系干预治疗，更有可能挽救婚姻。[27] 与受到同样细心照顾的不太敏感的孩子相比，敏感的孩子会培养出更好的社交技能，获得更好的成绩 [28]，甚至在利他行为方面得分更高 [29]。同时，治疗师表示，各个年龄段的敏感者在治疗中似乎都取得了更大的进展，获得了更多的益处。成年以后，敏感的人甚至比不太敏感的人更能适应压力，这与我们大多数人的预期恰恰相反。看来，敏感者并不是温室里的兰花，离开最完美的条件就会枯萎。相反，他们类似于多肉植物，任何一滴营养都逃不出他们的手心。他们会不断吸收营养，直到开出可爱的花朵。

敏感者拥有超级成长的先天条件

布鲁斯·斯普林斯汀的父亲等人没有发现敏感者的这种优势，很多社会科学家在很长一段时间里也没有认识到这种优势，其中一个原因是它违背直觉。最容易感受到压力的人怎么可能在人群中遥遥领先呢？此外，这是一个措辞问题。我们有很多词来描述一个更容易受到负面影响的人、更容易受到温度升高影响的人，或是一个受到更多保护的人。如果一个人会从好东西中获得更多的益处，你会怎么形容这个人呢？做过草原田鼠研究并指导过普吕斯的贝尔斯基，甚至就这个问题问过他的同事。这些同事分别讲 8 种不同的语言，贝尔斯基想看看他们能否想到一个词来形容这种人。他们所想到的词中，出现最多的一个是"幸运"。

这就是为什么普吕斯和贝尔斯基创造了"优势敏感性"一词，也是为什么我们使用"敏感增强效应"这个听起来不那么专业的词。敏感者可以从那些对任何人都有帮助的事情中得到更大的提升，比如一位导师、一个健康的家庭、一群积极的朋友。如果他们在正确的方向上得到助力，这种增强效应就可以使他们做得更多、走得更远。敏感者拥有超级成长的先天条件。

组成敏感等式的这两个部分都会让人想起斯普林斯汀的成长经历。一方面，他在愤怒严苛的父亲身边长大，这正是会增加敏感的一种创伤。[30]（从某种意义上说，父亲试图让他坚强起来，这可能使儿子更加敏感。）斯普林斯汀的母亲阿黛尔恰恰相反。她是一名司法官，是家里的经济支柱，也是小布鲁斯原本混乱生活中的稳定力量。布鲁斯说，阿黛尔心地善良，富有同情心，会考虑他人的感受。她也很会鼓励人。当布鲁斯觉得自己可以成为摇滚明星时，母亲凑钱给他租了第一把吉他。早期的尝试是一个错误的开始，他实际上放弃了音乐，直到几年后找到了一位更好的导师。但正是母亲坚定不移的支持，才使他的敏感给他带来了最大的益处。

过往不一定会阻碍我们前行

在长达 60 年的职业生涯中，布鲁斯·斯普林斯汀赢得了无数荣誉，包括奥斯卡奖、托尼奖和 20 个格莱美奖。《滚石》杂志称，他在 2009 年超级碗的中场秀是有史以来最棒的一场。他入选摇滚名人堂，成为世界上最著名、收入最高的音乐家之一。[31] 他成名时，父亲道格拉斯还在世。最后，布鲁斯发现他和父亲之间的共同点比他想的要多。道格拉斯表面上像是一头公牛，但在内心深处，"怀有一颗温柔、胆怯、羞涩的心，还有着梦幻般的不安全感"[32]。他发现父亲也很敏感，他只是把敏感的心藏了起来。布鲁斯在回忆录中写道，这些都是他小时候"表现在外的东西……父亲心肠很软，而他讨厌这样的自己。当然，他从小就这样，十分依赖祖母，就像我依赖母亲一样"[33]。当道格拉斯把他的敏感埋藏在啤酒和拳头中时，布鲁斯接受了自己的敏感，而正是这份敏感把他带到了一个伟大的高度。

尽管布鲁斯取得了非凡的成功，但有一个问题仍然困扰着他。他是谁？这么多年过去了，他仍然不知道答案。他说，布鲁斯·斯普林斯汀是"一种创造物"[34]，它一直保持着"流动性"。他在《时尚先生》的采访中表示："像其他人一样，你也在寻找着什么。不管你拥有一个身份多久，它都是一个很难抓住的东西。"更重要的是，他为什么会成为现在的自己？DNA是否会永远主宰他的生活？

你可能也像斯普林斯汀一样，问过自己同样的问题。你为什么会是现在的样子？是DNA决定的吗？还是你的生活经历决定的？我们现在已经知道，答案是两者都有。

不过，还有一种答案。斯普林斯汀的经历告诉我们，我们不会被禁锢在自己无法控制的过往经历中。你可能有一个普通的童年，或是受过虐待，但现在你有力量来塑造自己，成为自己想成为的人。因为敏感增强效应，你甚至比不太敏感的人拥有更大的力量。斯普林斯汀很好地利用了这种力量。他在30多岁和60多岁的时候经历过两次心理健康危机，之后转向了治疗和自我分析。他发现，童年经历使他走上了一条路，但敏感使他做出了改变。换句话说，他的敏感是一种天赋。

第三章
敏感者的五大天赋

拥有天赋并不是说你被赋予了什么，而是说你有东西可以给予他人。

——伊恩·S.托马斯

2014 年，珍·古道尔接受了美国公共电视网（PBS）的采访。她抱着一只毛茸茸的黑猩猩，轻轻地抚摸着它。[1] 当时的她已经成名，可谓生物学界的翘楚。几十年来，古道尔不仅完成了开创性的研究，还在生物学和公众想象之间架起了一座桥梁。她是证明黑猩猩有像人一样的行为和情感的第一人，过去人类和"没有思想"的动物之间的那条界线因此消除。你如果见过大猩猩可可用手语交流，那多少要感谢古道尔。[2] 你如果想过人类可能从灵长类动物进化而来这一点非常合理，那也要感谢古道尔。

但是，如果你问古道尔，是什么促使她做出了如此具有开创性的成就，她不会说是专业教育。[3] 古道尔一开始并没有上大学，她只是前往非洲，听从她所联系的一位教授的指示。她对黑猩猩也没有特别的热情，至少一开始没有。虽然她从小就崇拜《丛林奇谈》中的毛克利等人物，甚至还有一个名为"朱比利"的黑猩猩毛绒玩具，但她选择研究黑猩猩是因为她问过导师，她在哪方面可以最大限度地发光发热。导师认为黑猩猩可以揭示人性，古道尔将他的建议铭记于心。这位导师就是人类学家路易斯·利基。

那么，在没有接受过正规教育的情况下，是什么让古道尔脱颖而出呢？答案是她的性格，特别是她对待研究对象黑猩猩的热情和同情。当时，科学家一般会给动物编号，但古道尔给它们起了名字。"有人告诉我，你必须用代码称呼它们，因为科学家必须做到客观。"古道尔在采访中说，"另外，你不能与研究对象感同身受。我觉得科学的问题就出在这儿。"[4] 就在其他科学家仍与研究对象保持距离、做超然的观察者时，古道尔赢得了黑猩猩的信任，和它们打成了一片。

结果十分惊人。若从远处看，黑猩猩的筑巢行为是不明智的，但在近处观察的古道尔看来，它们的行为更像是人类的怪癖。一只准备做窝的名叫"马格斯夫人"的雌性黑猩猩在决定窝的位置之前，小心翼翼地试了试树顶枝杈的结实程度。古道尔写道，人在检查宾馆的床时也是这样——是不是太硬、太软或太硌人了？是否应该要求换一个房间？

古道尔甚至开始理解黑猩猩的幽默。有一天，当她走在悬崖边上时，一只雄性黑猩猩从灌木丛中冲出，直奔她而来。如果换作别的生物学家，他们可能会绷紧身子，免得被推倒，并将这起事件记录为攻击。然而，古道尔知道，这只雄性黑猩猩是个捣蛋鬼。她假装惊慌失措，黑猩猩赶紧停下来，他们以各自的方式大笑起来。（黑猩猩的笑声在我们听来就像尖锐的呼吸声。）这只黑猩猩总共重复了4次恶作剧，就像一个幼儿园的孩子一遍又一遍讲自己最喜欢的笑话。这只黑猩猩一根手指都没有碰到古道尔。

古道尔并没有什么指南可以遵循，她只是做了自己觉得自然而然的事——幸好，这件事是指她的同理心。换作另外一个未经训练的观察者，他可能会习惯用外貌特征识别黑猩猩，或者生活在担心被黑猩猩再次攻击的恐惧中。还有些没有经过训练的人，甚至可能试图用武力控制黑猩猩，引发科学史上令人骇然的事件。但古道尔始终保持开放，给人（和动物）温暖，愿意花时间去理解他们的感受。她的原则是你希望别人（和动物）怎样对待你，你就怎样对待他们，包括黑猩猩在内。"同理心真的很重要。"她说，"只有我们聪明的大脑和我们的心联合，我们才能发挥真正的潜力。"[5]

古道尔确实取得了成功，但如果你说她的方法遇到了阻碍，那就太轻描淡写了。当时，赋予动物人的特性，不管以哪种方式，就算是给它们起名字，都是被禁止的，科学家的职业生涯可能会因此被画上句号。如果你假设一只动物可能拥有几乎和人一样的内心感受，那么不管它的行为看起来如何，这都被视为一种巨大的偏见。谁要是胆敢和这种偏见唱反调，指出生物学家可能忽略了动物的真实情感，这种文章实际上是不可能发表的。即使在今天，古道尔的继承者们——受人尊敬的研究人员——也必须谨慎行事。正如灵长类动物学家弗朗斯·德瓦尔在 2019 年的采访中解释的那样，如果你挠黑猩猩的痒，它们就会笑，这和古道尔发现的一样。但他的同事仍然不会使用"笑"这个字，他们说黑猩猩会发出"急促的喘息声"。[6]

古道尔认为，以这种方式抹去黑猩猩的内心生活没有什么价值。虽然她最初的研究受到了批评，但她没有停下来，而是继续研究灵长类动物的情感、社交和有时类似人类的行为。毕竟，她推断黑猩猩的情感是真实的，可以被观察并记录下来。因此，她的同理心和开放的心态与她的科研工作并不相悖，反而起了增强的作用。

我们现在知道，古道尔的研究方法改变了科学史。她的研究不仅为灵长类动物学家带来了成功，还影响了生态学和正在萌芽的环境保护主义。正如她的导师所预言的那样，她的研究有助于我们了解人类的传统。很少有科学家可以说他们不仅塑造了多个新的学科，还彻底改变了不少原有学科，但古道尔可以。如果她听从了别人的劝说，不再那么关心黑猩猩，她就不会做出这些贡献。

除了我们在第二章中所说的敏感增强效应，你的敏感还能让你获得五大天赋。古道尔证明了敏感最强大的天赋之一：同理心。其他四种天赋分别是创造力、感官力、深度处理和深度情感。这些天赋最终都建立在你与生俱来的环境反应能力上。

当你阅读有关这五大天赋的内容时，要记住，你可能不会均等地拥有它们。这很正常，身为敏感的人，你可以获得所有天赋，但生活经验会使你在某些天赋上更加突出。不管怎么说，每一种天赋都是一笔财富，都能赋予你一定的优势。

同理心

同理心这个词是一个现代发明。[7]它来自美学领域，美学研究的是艺术品为何会让人感受到美。就在一个多世纪前，德国哲学家争论过：一幅画作只不过是形状和颜色的集合，如何能触动人们？他们最好的解释是，你将自己的情感视角代入所看到的东西，与画作产生了共鸣，即"同理心"。因此，当你凝视一幅画时，你可能会想象如果这幅画是你画的或者你身在画中，你会有什么样的情感，你可能会和画家的感觉相似。同理心告诉我们，情感可以通过感官传递，就像其他信息一样。没过多久，这个概念就跃升入正在萌芽的心理学范畴。如果你能与艺术品产生共鸣，那么你肯定也能与人产生共鸣。

敏感者有很强的同理心，以至于大脑扫描可以显示这种差异。在第一章，我们提到一项研究：研究人员让被试看一些照片，上面的人有的微笑、有的悲伤。[8]这些人当中有的是陌生人，有的是被试心爱之人。大脑扫描显示，每个人都表现出了一定程度的共情反应，尤其是在看到悲伤的爱人时。不过，最敏感的被试有所不同，他们与意识、同理心和理解他人或其他事物有关的大脑区域更为活跃，即使在面对陌生人的照片时也是如此。此外，敏感者掌管行动规划的大脑区域更为活跃。这表明，正如敏感者经常所说的那样，他们看到痛苦的陌生人，不可能不产生提供帮助的强烈欲望。敏感的人似乎是同理心的最佳代表。

这种特质也是珍·古道尔认为自己成功的原因。[9]虽然古道尔的故事看起来很了不起，但谈到同理心很强的个人时，他们确实会展现出强大的力量。近几十年来，越来越多的研究人员将他们的注意力转向这个曾被低估的人类特质，他们的研究也有了一系列的突破。例如，同理心既可以遗传（有些人的同理心更强）[10]，也是可以习得的（每个人都可以通过学习加强自己的同理心）[11]。但最伟大的发现也许是，同理心是人类两个最重要活动的根源：它不仅为道德提供动力，还推动了人类进步。

同理心的对立面

心理学教授阿比盖尔·马什目睹了同理心的力量。[12]有一次，她遭遇车祸，黑暗中，一个陌生人在高速公路上穿过四条车道来救她。此后，她展开了同理心研究。20多年后，马什与乔治敦大学的一个团队共同证明了高度利他主义者的大脑与"普通人"的不同，而这种不同主要体现在同理心上。救她的那个人就是高度利他主义者的代表。[13]

一开始，马什并没有从同理心很强的人入手，而是寻找那些完全没有同理心的人。

她知道，同理心较弱的一个极端例子就是典型的精神变态者。[14]这并非推测，确诊的精神变态者的杏仁核较小，活跃度较低，而杏仁核在大脑中负责识别他人的恐惧或痛苦迹象，从而催生同理心。虽然精神变态者在十分专注的情况下，确实有与人共鸣的能力，但神经成像数据表明，他们的同理心在默认情况下是"关闭"的。这与其他人的情况正好相反。我们大多数人必须特别注意，才能不被别人的痛苦影响，而精神变态者必须十分注意才能受到影响。

精神变态者很多令人不寒而栗的行为都是因为缺乏同理心。[15]他们往往性格冷漠，没有帮助别人的念想。虽然不是所有精神变态者都会犯罪，但他们很容易做出反社会、冷酷，甚至暴力的行为。[16]法院的案例证明了这一点：精神变态者只占总人口的1%左右，但在美国联邦监狱中，25%的男性罪犯都是精神变态者。[17]

精神变态者位于同理心量表的最低端。那么，另一端的人是什么样子的呢？同理心强是否也会伴有某种严重的障碍？答案是否定的。事实上，情况恰恰相反。同理心最强的人不仅十分健康，而且往往有能力做出惊人的助人举动。事实证明，这样的人，包括救了马什的那个人，不仅被理想驱使，而且被一种高于常人的感知他人痛苦的能力和强烈的爱心驱使。从很多方面来讲，同理心是善与恶的分水岭。

此外，同理心是人类生存可能需要的关键特质。正如斯坦福大学教授保罗·R.埃利希和罗伯特·E.奥恩斯坦在《钢丝绳上的人类》一书中所警告的那样，除非更多的人学会设身处地为他人着想，否则人类文明将不可能延续。[18] 他们指出，当今许多最可怕的问题，比如种族主义、全球变暖和战争，都是由一种危险的"划分敌我"的思维方式助长的，这种思维方式会分裂而非团结人类。同样，《纽约时报》撰稿人克莱尔·凯恩·米勒将我们描述为生活在一个"同理心缺失"[19] 的环境中。她说："我们越来越多地生活在泡沫之中。大多数人被外貌、投票、收入、消费、教育、信仰和我们很像的人包围。"她认为，这种同理心的缺失是"许多重大问题的根源"。拥有同理心天赋的敏感者这时就可以派上用场了，这还要感谢他们大脑中一个非常活跃的部分。

被误解的镜像神经元

如果让 18 世纪的哲学家亚当·斯密看到这些研究结果，他是不会感到惊讶的。斯密也想知道人类做出道德行为的原因是什么，他认为其中一个答案可能在于我们相互模仿的能力。[20] 斯密指出，正如我们可以模仿其他人的行为一样，我们也可以模仿他们的感受——在心理上模拟别人正在经历的事情。我们用这种能力来判断彼此的好坏，但我们也可以反过来做。我们可以想象别人会如何评价我们。斯密说，我们通过这种能力判断什么是对的、什么是错的。能够在想象中赢得大家认可的行为一定是道德的，不能赢得认可的行为一定是不道德的。在斯密看来，人类的良知建立在模仿他人感受的能力之上。与斯密同时代的大卫·休谟对此表示赞同，但他的表达更简洁："人们的心灵是反映彼此的镜子。"[21]

斯密的理论在当时有一定的争议[22]，但我们现在知道它基本上是正确的[23]。这就要谈到镜像神经元这个神经科学中最时髦也最常被误解的概念。镜像神经元是大脑中的运动细胞，可以帮助你移动身体。[24]不过，它还擅长复制他人的运动方式，进而复制他人表达的情绪。试想一下，如果有人看向你的左边，你可能也会往那边看。如果他们皱着眉头，你可能也会开始感到不安。镜像神经元被用来解释语言、文明的诞生，甚至是通灵能力。（斯蒂芬·金在网剧《城堡岩》中通过莫莉这个角色很好地运用了这一点。莫莉的共情能力包括令人不安的幻觉，她得用非法止痛药才能勉强控制住这些幻觉。）

不过，我们没有必要想那么远。从研究中可以看出，那些自述同理心最强的人也有着更活跃的镜像神经元[25]，其中包括敏感者[26]。我们模拟情感的能力与我们模拟身体动作的能力密切相关，这一点与斯密预测的差不多。[27]你可以通过实验看到这种联系。在实验中，被试如果嘴里叼上铅笔再模仿面部表情，就会受到阻碍。[28]结果，他们在猜测他人情绪时的表现立刻变差。

镜像神经元系统是不是道德的关键，答案似乎也是肯定的。马什的研究表明，无私的利他主义者会不遗余力地帮助他人，即使自己将付出高昂的代价。[29]他们往往也是同理心很强的人。他们是"天使"，与精神变态者心里的"魔鬼"正好相对。一系列的研究证明了这一点，它们将高水平同理心或镜像神经元活动与各种亲社会行为关联。[30]甚至新兴的英雄主义科学领域，即研究人们为何采取无私的英雄主义行为的学科，也参与了。[31] 该领域的研究人员发现，同理心是人们甘愿冒着生命危险或付出事业上的代价来帮助他人的关键因素。

人类进步的基石

同理心的力量十分强大，它不仅驱动着人类的道德建设，在许多方面也是人类成就的关键。这是因为创新主要是一项集体活动，需要思想交流，而同理心正是这种交流的润滑剂。要想知道它的效果，只要看看古代的亚历山大图书馆就可以了。[32] 大多数人都知道亚历山大图书馆藏有大量书籍，而最有名的就是图书馆被烧事件。然而，很少有人提到，它不仅是一座图书馆，还是一个智囊团，聚集了代表无数文化的杰出人才。它取得的成就是惊人的。到公元前 2 世纪，亚历山大图书馆的研究人员发明了气压传动装置，制造了自动倒酒的机器人，正确计算出了地球的周长（他们认为地球是圆的，而不是平的），创造了当时世界上最精确的时钟，建造了计算立方根的装置，并发明了一种寻找质数的算法——从根本上说是在比特币风靡之前就开始挖矿了。正是不同观点的汇集才推动了这些伟大的进步，而这种行为离不开同理心。

最终，罗马人占领了亚历山大城，他们重新安置那里的思想家。每个富有的贵族家庭都希望有一位思想家来辅导他们的孩子，于是这些天才般的学者被分散在罗马人中间。他们继续做自己的研究，但由于中断了与其他人的密切交流，奇妙的发明大多停止了。

所以说，同理心似乎有助于取得成功。正是因为同理心、进步和成功之间的这种联系，剑桥大学研究人员西蒙·巴伦-科恩（著名演员萨莎·拜伦·科恩的亲戚）认为，同理心是一种"通用溶剂"[33]。巴伦-科恩表示，它可以改善任何情况下的结果，因为"任何浸泡在同理心中的问题都会溶解"。因此，敏感者已经准备好对世界产生巨大的影响——如果他们学会有效地利用同理心。

创造力

敏感的艺术家形象已是老生常谈，这并非胡说，而是以事实为基础的。一个能注意到更多细节、建立更多联系、有更真切感受的头脑，几乎为创造力打好了完美的根基。这并不是说所有敏感的人都有创造力，但很多有创造力的人确实是敏感者，任何与他们一起工作的人都可以证明这一点。

俄罗斯医学科学院的研究人员尼娜·沃尔夫决定对这一观察结果进行测试。[34] 沃尔夫收集了几种测试来衡量语言创造力和视觉创造力，重点是研究被试的想法有多新颖，而不仅仅是他们能想出多少有创意的点子。例如，被试拿到几组不完整的图片，要根据这些图片创造独特的图画。重要的是，沃尔夫同时使用了硬性的量化标准（数据库中的其他人有多少次得出类似的答案？）

和软性的主观印象（由三人组成的评委会如何评价作品的原创性？）。然后，她给 60 个人严格地做了测试，之后进行了 DNA 抽样。结果呢？拥有与敏感有关的短等位基因的人在所有指标上都更具创造性。

为什么会是这样呢？这个问题更为有趣，而答案与创造力在认知层面是如何发生的有很大关系。可以肯定的是，创造力很难被定义，而且有多种关于它如何运作的理论。这些理论全都承认智力在其中起了一定的作用，而且都高度重视原创性，认为它是一种天赋或技能，也就是说，完美复制别人的画作不会被视为具有创造性。

不过，科学家中流传着一个著名理论，该理论始于 20 世纪 60 年代的作家兼记者阿瑟·库斯勒。[35] 库斯勒认为，当你把两个或多个不同的参照系融合时，就会产生真正的创造力。这句话可以体现在任何一个隐喻中，也可以在"你我皆为星辰之子"[36] 这样激动人心的启示中看到——它既是科学真理，也是对更高命运的召唤。库斯勒亲身体会了这种视角转换的力量，因为他的生活就是如此。他出生于布达佩斯，在奥地利求学，并入籍成为英国公民。[37] 他早年是一个充满激情的共产主义者，晚年则加入了反对苏联的宣传战。他不禁注意到所有跨界行为都对他的原创力产生了实实在在的影响。库斯勒的经历也许可以解释为什么这么多备受赞誉、富有创造力的人都有类似的多元文化背景，同时还有无数人花时间去国外旅行和生活。你的生活中容纳的视角越多，你可以借鉴并结合以创造新事物的视角就越多。

库斯勒的理论还解释了敏感者和创造力之间的关系。敏感者天生就擅长在各种不同的概念之间建立联系，所以他们足不出户就可以融合各种参照系。敏感者也许才是终极的博学大师，他们不是从科学、诗歌、生活经验、希望或梦想的角度来思考，而是在贯穿一切的主题上去思考。许多敏感者的说话方式也是如此，他们很容易说出隐喻，很容易将不同主题联系起来以说明问题。这样的谈话可能会让纯粹主义者感到不舒服，但这不仅是伟大艺术家的习惯，也是卡尔·萨根等杰出科学家的习惯，上文那句"你我皆为星辰之子"就出自萨根之口。

如果你是一个敏感的人，你可能会从事创造性的工作，也可能不会；你可能有创造性的消遣方式，也可能没有。但是，你已经有了原始成分。（伊丽莎白是一个敏感的人，她告诉我们："我从没想过我比别人更有创造力，直到太多朋友告诉我，他们不知道我怎么能想出这么多好点子。我从未想过我做的事是他们做不了的。"）这种创造力并非孤军作战。它建立在敏感的三种天赋之上，即感官力、深度处理和深度情感，它们共同组成了一个具有创造性的大脑。

真心话：身为敏感的人，你最大的优势是什么？

"身为高中教师，我只要站在学生中间，甚至不用看他们，就可以感受到他们的情绪。青少年心里总是装着很多事！我知道该说什么、不该说什么，因此每个学生在我的课堂上都会有安全感。"——科琳

"我是一名医生，我能发现以前负责这个病人的医生所遗漏的细节，

从而做出更好的诊断，更有利于他们的健康管理。我真心关心我的病人。病人们都说，他们可以感受到这一点，心里十分感激。"——乔伊斯

"我最大的优势是同理心和慈悲心。我发现，我心里真的有很大空间可以留给痛苦的人，同时保持精力充沛。这些技能在我做咨询师、教练和作家时可以派上用场。"——洛丽

"我在人群中有一种直觉，我知道其中谁说了算，团队奋斗的动力在哪儿，他们是否偏离了某个想法，我还知道他们个人想要什么以及整个团队想要什么。在工作中，因为这种'超能力'，我总是领先于公司的重大决策或行动，这使我不断得到晋升。"——托里

"作为一个敏感的人，我总是非常清楚环境中会引发压力和刺激的东西，我还十分清楚周围人的情绪，所以我会知道别人因何事而烦恼。因此，我总在努力营造一个温暖、舒适、受人欢迎的环境——有人告诉我，我的个性也是如此。人们在我身边会感到很自在，他们经常向我而不是别人敞开心扉。即使是在杂货店里遇到的陌生人，也会向我吐露他们的人生故事、他们的伤心、他们的忧虑。"——斯蒂芬妮

"我的天赋是，有时会被世界上的美景和善意感动得热泪盈眶。"——谢里

"我是一个画家，我不只是用眼睛看日出，我还会用心感受！"——莉萨

感官力

感官力意味着你对环境有更多的了解，可以利用这些知识做

更多的事情。你可能会更加关注感官细节本身（比如图画的质地或一行代码中缺少的半个括号）或者它们带来的影响（昨天下雨了，所以若现在出去散步，路会有些泥泞）。任何人都可以注意到这样的事情，但敏感者往往更容易注意到，并且不分场合——你可以说他们对这方面"了如指掌"。（有一个敏感者曾告诉我们，他认为自己是一根"活的电线"，可以接收每一个信号。）这种洞察力有的影响平平，有的却影响重大。不止一个敏感者因为注意到一个总是困扰他的细节，而使公司免于一场大灾难。

有些时候，这种能力看起来几乎不可思议。举个例子，我们可以想一想日本 B 级片中著名的剑客座头市。座头市双目失明，但赌博中如果对方耍诈，他心知肚明，因为他能听出骰子落点的不同（凭借超强的感官力，他总能赢得接下来的剑斗）。当然，这个故事是虚构的。在现实生活中，盲人并没有超强的听力。他们只是使用大脑的方式不同，会注意到视力正常的人能够听见却过滤的微小声音。在某种程度上，敏感者的五种感官都有类似的能力。

有的时候，这种敏感会成为一种负担——没有人想要注意到办公室里每一缕古龙水的味道，但它也会带来惊喜。[38] 让我们来看看一位名叫萨尼塔·拉兹道斯卡的爱尔兰女子的亲身经历。一天早上，拉兹道斯卡感觉到丈夫的呼吸发生了变化，于是醒了过来。丈夫总是打鼾，但那天的声音不对劲儿。拉兹道斯卡看向丈夫，发现他的脸色是铁青的。他出现了心脏停搏。拉兹道斯卡给丈夫做了30分钟的心肺复苏，直到医护人员赶到。很少有人能敏感到因为别人的呼吸变化而醒来。如果她没有注意到丈夫睡觉时的鼾声，或者说没有多想那天早上的声音与平时不同，丈夫就会在睡梦中死去。她超强的感官力救了丈夫的命。

这种独特的能力与过度刺激正好相对。毫无疑问，敏感的人在忙碌的环境中会超负荷，因为他们从周围环境中摄取的信息多得多。但在很多时候，他们敏锐的洞察力并没有造成超负荷，而是化身为一种优势，特别是他们先采取措施避免过度刺激的话——我们将在第四章讨论。

感官力在很多领域都是一笔财富。以军事领域为例。[39] 它对应的是"态势感知"一词，即了解和熟悉周围发生之事的能力。这种能力是你和部队能否在战斗中生存的关键。事实上，态势感知在任何涉及安全的职业中都备受重视。它是飞机没有坠毁[40]、核电站没有解体[41]、犯罪案件得以破获的一个主要原因[42]。可悲的是，相反的情况也屡见不鲜。缺乏态势感知是人为因素导致事故的主要原因，这一点已经得到证实。[43] 例如，有家医院错将抗凝血剂注射给了不需要它的病人。[44]（这是真实事件，该案例现已被收录在医学文献中，用来培训医护人员，提高他们的态势感知。幸好，那位病人并无大碍。）

在体育运动中，感官力被称为"场域视野"。[45] 拥有这种能力的人可以掌握整个比赛场地上发生的事情，就像国际象棋大师审视棋盘上的棋子那样审视比赛。场域视野不仅是区分优秀球员和伟大球员的关键，也是区分平庸教练和传奇教练的关键。研究人员发现，经验不足的教练往往只关注技巧，比如足球中的传球或篮球中的上篮。相反，经验丰富的教练更看重球员的场域视野，因为这种技能才会让球员把球传给对的人，或者站在合适的位置上投篮。换句话说，在优秀教练的指导下，不那么敏感的球员会接受训练，培养一种敏感球员天生就有的能力。

如果你看过冰球运动员韦恩·格雷茨基的比赛，你就知道什么是场域视野了。[46]格雷茨基被人称为"最伟大的冰球手"[47]。他于1999年退役，但仍是冰球史上进球最多、得分最多、助攻最多的球员。然而，他身上似乎并没有体现出一个正常职业冰球运动员需要具备的条件。格雷茨基行动速度慢、个子小、身体瘦，没有什么攻击性。如果被击中，他就会蜷缩起来，像折纸一样。可一旦上冰，格雷茨基就能够预测每个人在接下来5秒的行动。他解释说："我可以提前感知队友接下来的动作。很多时候，我不用看就可以转身传球。"[48]他具有场域视野，或者用我们的话说，拥有感官力。格雷茨基因此变得很有价值，在比赛中，一位队友会充当他的"保镖"，不让对手近身，以便这位著名的中锋能够把球传到合适的位置。

美国职业橄榄球大联盟的四分卫汤姆·布拉迪也是如此。[49]他虽然跑得不快，但其他球员都说他有一双"蜥蜴眼"，因为他在比赛时仿佛能看到两侧和身后的情况。布拉迪很敏感，当他谈到自己被球队选中的那一天时，他会忍不住落泪。[50]他带领球队夺得7次超级碗冠军，被誉为"历史上最伟大的四分卫"。

格雷茨基和布拉迪在世界上速度最快也最残酷的两项运动中

成为顶级球员，因为即使是这种环境也有利于敏感者。事实上，从护理和艺术等敏感的职业到体育和警察等粗犷的职业，感官力几乎在生活的各个方面都有回报。感官力经常被那些没有这种能力的人低估，但如果你很敏感，那么你就有了一个其他人所没有的内置雷达。

深度处理

敏感的人不只是接收的信息更多，他们还能利用这些信息做更多的事情。我们在第一章中提到，敏感的大脑会更详细地处理所有信息，但我们没有研究这种深度处理如何使敏感者与众不同。想象一下，有两个税务师。第一个在文件中填上数字，确保所有数字相加，然后发给政府，一切完成。第二个税务师则更进一步，他先检查所有证明文件，确保没有遗漏，然后一步步教你如何采取额外的方法省钱。他还会筛查一切可能触发审计的危险信号。你愿意请谁来给你报税呢？

如果你倾向于第二个税务师，那你应该明白深度认知处理的价值。当然，任何人只要聚精会神，就可以做到仔细周到，但与感官力一样，深度处理是敏感大脑的默认设置。这种能力往往会以几种方式表现。

- 做出更加谨慎且往往更好的决策。
- 能够彻底广泛地思考。

- 创造性地将分散的不同主题和想法连接。
- 倾向于有深度、有意义的想法和活动。
- 深入研究一个想法，而不是表面分析。
- 提出出人意料的原创想法和观点。
- 经常有能力正确预测某件事情的未来发展或某项决定的未来影响。

深度处理不仅仅适用于像报税这种复杂而耗时的情况。（幸好如此！）在人类和猴子中，具有敏感基因的个体在各种脑力任务中的表现都更加优异。[51] 例如，在一项研究中，猴子接受了使用触屏设备的专门训练。它们一边敲击屏幕一边喝水，做得好的时候会得到水果点心作为奖励，这与使用学习软件的幼儿并无不同。猴子们很快就知道了如何获得尽可能多的点心——在一系列任务中获得成功，比如评估概率、注意模式变化、仔细观察以挖到非常小的奖品。研究人员很快得出结论，在这些脑力任务中，敏感是一笔财富。更敏感的猴子不仅表现得更好，得到了更多的奖励，而且显示出与敏感的人类相似的大脑差异。

因此，深度处理可以催生更好的决策，特别是在涉及风险和概率的时候。这种天赋在工作、人际关系、重大的人生选择中都是无价的。当你在决定前需要反思时，不太敏感的人可能会失去耐心，但他们也许应该学会等待。那短暂的停顿意味着你的大脑正在深度处理。敏感者的思考方式在很多方面像军事战略家一样，他会从各个角度加以思考，从而最大限度地提高胜利的机会。这种倾向会产生惊人的结果，这也是敏感者会成为伟大领导者的部分原因（第九章将详细谈到）。

当然，这种直觉并非巫术，而且敏感的人会像其他人一样出错。不过，他们会把更多的精力放在把事情做对上。

深度情感

深度情感可能是最会被误解的一种天赋。平均而言，敏感的人确实比其他人情绪反应强烈。你可能根本不会认为这是一种天赋。如果你是一个情绪较为强烈的人，那么你对愤怒、伤害和悲伤的体验可能更为深刻。有时，你甚至可能觉得承受不了。但是，深层、强大的情感也意味着你能流利地使用一种其他人很难说出的语言。这是打开人类心灵的一把万能钥匙。

这种天赋的源泉可能位于大脑的一个微小枢纽，被称为"腹内侧前额叶皮质"。[52] 腹内侧前额叶皮质位于前额后面几厘米，大小和形状与你的舌头类似。它相当于一个十字路口，汇集了有关情感、价值观和感官数据的信息。我们之所以认为鲜花浪漫，与有色蔬菜不同，就是因为腹内侧前额叶皮质的作用。

不管是谁的大脑，腹内侧前额叶皮质都是一个辛勤工作的区域，但在敏感者的大脑中，它比杰克逊·波洛克的画笔还要忙碌。这种高度活跃的状态会给世界增加多彩的深度，赋予生活中的敏感者更生动的情感调色板。这种生动有时很难招架。（谁想体会更强烈的悲伤，请举手。有人愿意吗？）虽然如此，它还是有一定好处的，特别是在智力和心理健康方面。早在 20 世纪 60 年代，精神病学家卡齐米日·东布罗夫斯基就提出了情绪强度和做出高成就的潜力之间的联系。[53] 他的研究表明，天才往往会"过度兴奋"或在很多方面十分敏感，包括身体和情感方面。他指出，天才儿童经常被指责反应过度，但他们只是更敏锐地意识到自己的感受而已。东布罗夫斯基发现，许多天才儿童会针对自己的感受进行完整的内心对话——并非每个人都会这样做。另外，受到同情心和人际关系的驱使，情感在他们看来只是更值得关注而已。东布罗夫斯基甚至认为，情感强度是实现更高阶段个人成长的关键，我们今天称之为"自我实现"。

天才学生的老师会观察到这种情感强度，其中许多老师表示，思想深邃的人往往情感也很深沉。[54] 记忆可能是这种联系的一种解释。[55] 一件引发强烈情感的事件更有可能在日后被回忆，因此，情感最鲜活的人，也就是敏感的人，可能最容易吸收并整合新信息。

不过，我们今天倾向于关注另一种聪明才智：情商。[56] 确切地说，情商是一种技能，而不是与生俱来的东西。就像个子高的人不会自动成为篮球高手一样，敏感也不会自动带来高情商。但就像季后赛中的身高因素一样，它确实有所帮助。这是因为情商由几部分组成，而这几部分确实是敏感者的优势。[57] 例如，敏感者往往具有高度的自我意识。[58] 他们注意并重视自己的情绪，花时间思考他们在当下和之后的感受。他们很容易读懂并理解他人的情绪，不用怎么费劲就可以练就高情商。而这一点点努力可以带来好处：研究已经证明，情商有助于改善心理健康[59]，提高工作绩效[60]和领导能力[61]。如果你能驾驭自己的情绪，它就会把你推向新的高度。

强烈的情感还有其他好处。比如，它可以加深人际关系，还可以使你深深地影响他人。如果你很敏感，那你的深度情感可以解释你为何会成为出色的倾听者，别人为何会很自然地信任你，为何朋友需要建议时，你会成为首选。通过练习，深度情感甚至可以赋予你号召力，让你把人们团结在一起，为了一个理想而努力——而理想正是社会运动的基础。（例如，马丁·路德·金就被视为一个敏感的人。[62]）

从个人层面讲，你还会因为深度情感而享受丰富的生活。在衡量情绪反应的研究中，敏感者对各种经历都有更强烈的反应，包括积极的和消极的。幸运的是，积极的经历带给他们的反应往往最大。这也许可以解释为什么敏感的人往往有崇高的理想，能与他人建立牢固的关系，从生活中的小事中获得巨大的快乐，特别是从美丽的事物，比如明媚秋日里铺满落叶的街道，或街头艺人边弹吉他边唱的一首歌曲中。

尽管与生俱来的强烈情感会带来挑战，但它也让你变得与众不同。例如，一位不愿透露姓名的不太敏感的音乐制作人表示，他十分敬畏敏感的音乐家。他说自己将情感视为一个"看不见的世界"。他可以在工作中看到情感的影响——在看不见的世界里，有什么东西动了动，事情就莫名其妙地失败了——但他看不透因果，也无法预测某个动作可能产生什么样的情感涟漪。（他说，与他合作的敏感音乐家可以窥探那个世界，就好像预言家一样。）这位制作人像大部分人一样，因为无法读懂他人的情绪，感觉受到了情绪的摆布。敏感的人绝对是例外，因为他们能够看到别人看不见的东西。

回想一下我们在第二章中提到的布鲁斯·斯普林斯汀，你可以在他身上看到敏感的所有天赋。在他的音乐中，在他关于失败者和孤独者的富有同情心的故事中，你会发现同理心、创造力和深度情感。只要听一听《雷霆之路》，你就会感受到。这首歌讲述了一个"不是英雄"的男人为了最后的欢愉去接一个"不再年轻"的女人。斯普林斯汀甚至听音乐也和大多数人不同，而且他会深度处理。小时候，能引起他兴趣的唱片是那些听起来既快乐又悲伤的音乐。他说："这种音乐充满深深的渴望，有一种不经意的超越精神，是成熟的认输，还有希望……希望得到那个女孩，回到那个时刻、那个地方、那个改变一切的夜晚。生活向你展示了真实的一面，而你的真实一面也被揭露。"[63] 对他来说，歌曲不仅包含节奏和旋律，还暗含人们的意图。它们描绘了一个完整的世界。许多音乐家都能感同身受，因为他们都是敏感的人。他们的倾听方式与房间里的其他人不同——更加深入。

斯普林斯汀用情感深度和感官力去理解他的粉丝。在谈到他的早期乐队"卡斯泰尔斯"时，斯普林斯汀说，当他看到观众都是时运不济、穿着皮夹克的油乎乎的青年工人时，他马上修改了节目单。他回忆说："我们的秘方是嘟·喔普、灵歌和摩城音乐，这些音乐才能让皮夹克下面的心颤抖。"[64] 斯普林斯汀似乎可以瞥见观众的整个人生、他们的挣扎、他们的梦想，让自己的音乐为他们量身而做。

这种深思熟虑和敏锐的洞察力成为他整个职业生涯的特点。斯普林斯汀把深度处理用在自己身上，他说他很早就知道自己能做什么。他不是最好的歌手，甚至不是最好的吉他手，但他相信可以靠自己写歌的优势建功立业。后来，斯普林斯汀有了一定的名气，为了不像某些乐坛英雄那样迷失自己，他坚守自己的根，与家人住在新泽西的一个马场里。"我很喜欢我在这里的样子……我想继续扎根于此。"[65]他在一次采访中说。正是这种敏锐的自我意识帮助他成为一名成功的音乐家，同时让他选择了一种适合自己的生活。

工人阶级心中的这位英雄似乎也是一位敏感的英雄。

第四章
应对"过度刺激"的一套方法

我经常感叹,为什么我们不能像闭上眼睛一样轻松地"闭上"耳朵。

——理查德·斯梯尔爵士,第 148 篇随笔

凡是天赋都有一定的代价。如果你是敏感的人,大脑通过深度处理赋予了你超能力,而代价就是它的反面。正如你所看到的,这样的大脑会消耗大量的心力。它几乎无时无刻不在疯狂工作,因此你需要经常休息。它还需要空间,需要多一点儿时间、多一点儿耐心、多一点儿安静与平和。如果满足这些条件,敏感的天赋就会发挥到极致,敏感的大脑就会充分处理每一则信息,向天才迈进。

然而,如果被剥夺了这些条件,面对匆忙、压力和过度劳累,大脑就不可能处理它所摄入的一切。身体和情感上的输入会使它超载,就像一台塞了太多衣服的洗衣机一样。因此,过

度刺激是对环境做出强烈反应的代价之一，也是所有敏感者面临的最大挑战。

当你发现自己很敏感，却生活在一个不那么敏感的世界里时，你该怎么办？面对太过拥挤的空间、太过紧张的日程、太过喧闹的地方，你该怎么办？当你有很多天赋，但社会把你作为敏感者的需求视为麻烦时，你该怎么办？当你想用这些天赋帮助世界，但你需要平和、安静和休息才能做到时，你该怎么办？

无路可逃之时

艾丽西亚·戴维斯[1]刚刚分手，硕士课程也接近尾声。"毕业论文期限将至，要点灯熬油，压力很大。"[2]她在"敏感避难所"上写道。仿佛这些还不够让她焦头烂额似的，再过一个月，她就要想清楚自己将要住在哪里，以及当一年的课程最终结束时她要过一种什么样的生活。当然，对任何人来说，这都是一个令人不知所措的时刻，但艾丽西亚不是一般人。她内心敏感，需要大量的休息时间弄清楚自己刚刚经历的一切。她比以往任何时候都更需要在自己的庇护所里待上一会儿。她的庇护所就是她"可爱的小卧室"[3]，里面有包着绿色天鹅绒的扶手椅、许多植物和书，木架上放着蜡烛。这里会让她想起童年。这个私人空间对她的自我修复至关重要，因为它会唤起安全和平静的感觉。

糟糕的是，房东想的可和她不一样。这么多个夏天，他偏偏选择在这个夏天修葺房子。这意味着在她的卧室外面，"每个工作日，从清晨到傍晚，一直少不了钻孔、锯木和敲打的声音"[4]。施工人员大声讲话，放着吵闹的音乐，走来走去。每当她要去房子的某个地方时，都不得不抱歉地从他们身边还有乱七八糟的东西旁边挤过去。没过多久，他们就开始开玩笑说，艾丽西亚总是挡他们的路。在这种情况下，任何隐私或休息时间都不再有保障。

可以想象，艾丽西亚的压力在急剧上升。不管多小的事，在她心里都会变得巨大无比。有一次，她意识到自己甚至无法连词成句表达哪怕是简单的意思。"任何形式的对话都会让我十分痛苦，就像你戴耳机听东西听了太长时间，必须停下来一样。我的感官十分紧张，出于自我防卫而退缩，它们已经忘了如何放松。我被各种信息弄得脑袋嗡嗡直响。"[5]第二天，噪声和混乱会再次上演。

她需要的是逃离。她去了当地的一家咖啡馆，但那里并不是她的港湾。点完咖啡后，咖啡馆放起了铿锵有力的放克音乐。接着，一个婴儿哇哇大哭起来。这是最后一根稻草："我也想号啕大哭，比那个婴儿更大声，淹没这个世界上的所有声音。"[6]

她的感官仍然处于超负荷的状态，于是她沮丧地离开了咖啡店，走在街上。她小声抱怨着周围发出声音的人，甚至咒骂公共厕所里呼呼吹风的干手器。她知道，自己的愤怒很不理智，但感官超载本身就是没道理的。

幸好，她偶然走到了一家美术馆的门前。走进去后，她突然感觉被寂静笼罩。她走来走去，慢慢欣赏每件艺术品，这是那天她第一次感觉到感官在慢慢放松、软化、复苏。这个世界上终究还有她的一席之地，一个洋溢着美感和静谧的宽敞之处。还有一个像艾丽西亚的女子独自走进了美术馆，她身上散发着平和的气息。艾丽西亚立刻感到与她很亲近，似乎这个陌生人在某种程度上理解她独处的需求。她们二人偶然对视时，艾丽西亚发现自己居然在微笑。

当然，艾丽西亚的美术馆之旅并没有完全消除她的过度刺激。这只是开始，症状有所减轻，不过她的感官仍很脆弱，最轻微的触动可能都会将其再次击垮。接下来的几天，虽然建筑工人在房子里敲敲打打，但她还是想出了一些方法，让自己从过度刺激中完全恢复。她听着音乐，让美妙的旋律掩盖部分噪声，这有助于减缓她运转飞快的思绪。她还会在室外多待一会儿，听听鸟鸣，呼吸一下新鲜空气。最后，艾丽西亚恢复了平静。

真心话：过度刺激对你来说是什么感觉？

"当我面对过度刺激时，我会觉得陷入困境、十分焦虑，我急需独处。如果无法逃避，我在别人眼里就会变得茫然无措，尽管我的思绪仍在正常运转。周围的人会问我'你还好吗？你太安静了'或者'你玩得开心吗'。如果过度刺激突如其来，我还会短暂地有一种灵魂出窍的感觉——我的身体仿佛已经不是我的了。当我受到过度刺激时，唯一有帮助的是退回一个温暖、安静、舒适的地方。"——杰西

"我发现它会随着时间不断累积。所有身体上的舒适感开始消失。一切都变得令人讨厌。说话都会徒增烦恼。我曾经跑来跑去，试

图平息每一个刺激因素，但这根本行不通——我会因愤怒和沮丧而爆发。现在我知道我就是累了，需要时间给自己充电，或者好好哭一场。"——马修

"对我来说，过度刺激的感觉就像是一大堆人在同时戳我。它有点儿像一种柔和的压力，不断在我的身体各处堆积，使我不舒服。"——艾莉

过度刺激的常见原因

艾丽西亚的经历对敏感的人来说并不罕见，或许你也经历过类似的事情。如果是这样，你并不孤单，而且这不是什么问题。所有敏感的人都会在生命中的某个时刻面临过度刺激。更有可能的是，他们在工作、照顾孩子和社交时，会经常面临过度刺激。下面列举了一些最常见的引起过度刺激的原因。不过，这并不是一份面面俱到的清单，你觉得刺激过度的某些事情可能没有包括在内。在下面这些情绪或情境里，哪些可能会让你感到过度刺激？

- 过度、强烈或颠覆性的感官刺激（拥挤的人群、嘈杂的音乐、重复或不规律的声音、温度、香味、亮光）。
- 担忧、焦虑或反复出现的想法。
- 从他人那里感知到的情绪，尤其是负面的判断、压力或愤怒。
- 你自己的情绪。

- 需要社交，计划很多。
- 紧张的最后期限，繁忙的日程安排，要从一个活动赶往下一个活动。
- 信息过载或令人不安的信息（比如在手机上一直刷到负面新闻）。
- 变化（有时甚至是积极的变化，比如得到你梦想的工作或终于有了孩子）。
- 新鲜感、惊喜和不确定性。
- 混乱的日程安排或熟悉的生活方式被打乱。
- 杂乱的环境（比如凌乱的房间或桌面）。
- 在有人观察的情况下完成工作，包括熟悉的工作（比如工作中的绩效评估，参加体育比赛，当有人在背后看着你的时候敲键盘，发表演讲，甚至参加自己的婚礼）。
- 有太多的事情需要你同时关注。

为什么会出现过度刺激

上面列举的事情可能会让所有人感受到过度刺激，无论敏感与否，特别是如果多种情况同时发生。但是，敏感的人会更快受到过度刺激，而且感受更深。为什么会这样呢？假设我们每个人都随身带着一只看不见的水桶。有些人的桶比较大，而敏感者的桶则比较小。谁都不可以选择水桶的大小，正如我们天生就有不同的神经系统和不同的刺激处理能力。为感觉处理障碍患者提供服务的职业治疗师拉里萨·格勒里斯指出，无论桶大桶小，每个声音、每种情绪和气味都会装入桶中。[7]

如果你的水桶很空，你就会感到无聊、烦躁，甚至沮丧。但如果你的水桶太满，你就会感到压力、疲劳和不知所措，甚至可能惊慌、愤怒和失控。每个人都有一个刺激阈值，每个人都在寻求将自己的水桶装到正好的水平，这样他们既不会刺激不足，也不会刺激过度。例如，患有注意缺陷多动障碍的孩子可能总是觉得桶太空了，所以他们在学校用手指敲打桌子或从座位上跳起来，给自己更多的刺激。对一个敏感的人来说，情况正好相反——日常活动就会迅速装满他的水桶，比如一天的工作或在家里照顾孩子。格勒里斯解释说："一旦桶满了，里面的东西就会溢出来，我们就会看到调节异常或过度刺激。从本质上讲，这是你的感官系统在说：'停下来，别再装了。我已经处理得够多了，过滤得够多了。我已经超负荷了，真的没有能力继续处理了。'"[8]

对格勒里斯来说，水桶的比喻不仅仅是个理论，她自己就是一个敏感的人。（"我的治疗师说我是一个敏感的人。"[9]我们在Zoom[①]上交谈时，她笑着说。）因此，她经常觉得自己的桶装得太满。最近一次是她给3个月大的女儿换尿不湿的时候。女儿在哭，玩具散落一地，宝宝的排泄物粘得到处都是，这种场景会让任何父母心烦不已。格勒里斯觉得不堪重负，她的情绪瞬间失控。她说："我可以感觉到，我正在努力克制。"[10]糟糕的是，不久前

---

① Zoom 是一款多人手机云视频会议软件。——编者注

她刚得过脑震荡，那次受伤使她在身体和精神上都受不了这杂乱无章的屋子——她在尿布台前不知所措。她回忆说："我转过身，看着乱糟糟的地板——玩具到处都是。我大哭起来。"[11] 直到丈夫过来收起玩具，帮她摆脱了感官轰炸，她的恐慌才消失。

真心话：什么会让你感到过度刺激？

"对我来说，过度刺激是一种很容易陷入的心理状态。有时候，就像迟到 5 分钟这么简单的事情，都可以引发过度刺激。我必须非常注意，不把我的情绪发泄到我最关心的人身上。"——约瑟夫

"当我觉得周围所有的人和事（比如家务、手机提醒、交通噪声、邻居吵闹等）都在争夺我的注意力，而我无法逃避时，我就会面临过度刺激。这种情况经常发生。"——贾纳

"我可以泰然自若地参加喧闹的音乐会，前往拥挤的机场，因为我已经为这些计划好的活动做好了心理准备。触发我的是一些更简单、更无关痛痒的事情。我儿子会发出一种他知道我受不了的特殊声音——小孩子会跨越一些界线。我的整个身体会变得很僵，好像每个神经末梢都处于紧张状态。我如果无法逃脱——现实往往如此——就会变得愤怒和狂暴，同时，我也在努力控制，希望不受刺激的影响。"——塔尼娅

"我被太多的情绪围绕时，无论是在人群中还是独处，就是我觉得过度刺激最强烈的时候。我会想要哭泣，因为我觉得自己被包围了。用香喷喷的浴盐洗个热水澡，一个人或是在猫咪的陪伴下在黑暗、安静的房间里待一会儿，会帮助我平静下来。"——杰西卡

八大感官系统

当我们的桶装得太满时，身体到底发生了什么呢？让我们仔细研究一下身体的感官系统。虽然我们知道自己有五种感觉，但其实我们的身体有八大感官系统[12]，它们是：

（1）视觉：视力

（2）听觉：声音

（3）嗅觉：气味

（4）触觉：触摸

（5）味觉：味道

（6）前庭觉：平衡感和头部运动的感觉，位于内耳中

（7）本体感觉：对自身运动的感觉；控制和检测外力和压力；位于肌肉和关节中

（8）内感受：体内活动的监测系统，比如呼吸、饥饿和口渴；位于身体各处，如器官、骨骼、肌肉和皮肤中

每天，这些感官系统都一起或单独工作，以保证你安全无虞，做好调节，完成任务。其中既包括大事，比如完成公司的项目，也包括小事，比如你可能都没有意识到的一些事情。仅举一个例子，早上穿衣服时，你的大脑必须判断接触手臂的东西是安全的还是危险的。一件衬衫？很安全。你的大脑会向身体发送信号，让你忽略它。但如果是一只蚊子呢？有危险。你的大脑会向

身体发送信号，让你打死它。这种接受刺激、解释刺激，然后对其做出反应的过程会不断发生。你的大脑过滤背景噪声，以便你可以听到别人的谈话。在你切菜准备晚餐时，大脑会调整切菜的力度，以保证你的安全。即使是现在，就在你读这句话时，你的大脑也在努力让你的眼睛聚焦于文字，解码其背后的含义。格勒里斯解释说："一天当中，我们没有一刻不在使用这种感觉处理的技能。"[13]

总而言之，每一秒都有八股从不间断的信息流进入你的大脑。再加上你所感受到的所有情绪或你正在做的高水平工作，输入量会迅速增加。格勒里斯指出，正如我们所看到的，敏感者的神经系统对某些刺激的反应更为强烈，特别是听觉和触觉。[14] 就像做完俯卧撑后手臂会很累一样，你的感官也会疲劳。然而，与手臂不同的是，身体的感官系统不能休息，而是要一直运转。

威胁、驱动和安抚

当你受到过度刺激时，你会感觉自己的身体仿佛受到了攻击。你可能会大脑飞速运转，肌肉紧张，体会到强烈的恐慌或愤怒，以及迫切想要逃离当下。临床心理学家保罗·吉尔伯特称这种状态为"威胁模式"[15]。吉尔伯特在整个职业生涯中一直研究人类的动机和情感机制。他是全球范围内文章被引用次数最多的专家之一，他的研究在科学界起了至关重要的作用，英国女王曾授予他大英帝国勋章，这是英国公民可以获得的最高奖项。吉尔伯特认为，我们使用三个基本系统来调节我们的所有情绪，即威胁、驱动和安抚系统。如果你能学会判断在特定情况下你可能使用的情绪系统，这将帮助你控制自己的情绪。

第一个是威胁系统，也是我们最强大的系统，因为它最能控制我们的大脑。该系统的目标是让我们活着，它的行军命令是："小心总比遗憾好。"即使是动物也会使用这套系统，比如它们在击退捕食者、咆哮，或使自己看起来更强大的时候。威胁系统与"战斗或逃跑"反应相关，也与心理学家、作家丹尼尔·戈尔曼所说的"杏仁核劫持"[16]相关。它始终处于开启状态，扫描周围环境中的危险，比如飞驰而来的公共汽车、不回短信的重要朋友。该系统会对真实和感知的威胁做出反应，因此会出现很多误报的情况。例如，爱人讽刺性的评论或孩子大发脾气可能不会对你的生命构成威胁，但威胁系统让你觉得这种行为会构成威胁。当你感到恐惧、愤怒或焦虑时，你已经进入威胁模式。自我批评也会成为这种模式的一部分，在这种情况下，你的身体认为你自己就是威胁。

如果第一个系统的目的是让我们活着，那么下一个系统的目的则是帮助我们"获取更多"。这个系统被称为"驱动系统"。当我们获得资源、实现目标时，它会给我们一种很好的感觉。当你完成待办事项清单上的事情，要求加薪，买房买车，和朋友出去玩，或刷约会软件时，你就处于驱动模式。动物在筑巢、吸引配偶、储存食物过冬时也会使用驱动模式。吉尔伯特告诉我们，当与其他两个系统平衡时，驱动系统"会给你带来快乐和愉悦"[17]。

但是，如果该系统变得紊乱，就像在这个纷扰太多的世界上经常发生的那样，它就会迅速变成贪得无厌的追求，让你觉得"永不满足"。吉尔伯特指出，这时，"人们会完全沉迷于实现、拥有、再做、再拥有的过程，如果不这样做，他们就会觉得自己是个失败者"[18]。想想一发不可收拾的赌博，食物或毒品成瘾，还有贪婪。这种思维模式有一个很好的例子，那就是电影《华尔街之狼》。这部影片讲述了股票经纪人乔丹·贝尔福特犯罪的真实故事。贝尔福特说："26岁那年，我作为经纪公司老总赚了4 900万美元，这件事说起来就让我恼火，因为只差300万美元，我就能实现平均1周赚100万美元了。"从这句话中，我们可以看到驱动力过度的情况。

由于威胁系统和驱动系统本质上十分强大，如果我们能控制好这两个系统，只在某些时候使用它们，那么我们会达到最快乐的状态。不幸的是，在不知不觉中，大多数人把大部分时间花在了这两个系统上。（我们觉得理所当然，因为毕竟"韧性迷思"就是这样要求我们的。）威胁和驱动都会造成敏感者所面临的过度刺激。

好在过度刺激是有解药的，那就是第三个系统，它被称为"安抚系统"。当没有威胁需要防御，没有目标需要追逐时，它就会自然开启。也有人称其为"休息和消化"系统，因为一旦进入安抚模式，我们就会感到平静、满足和舒适，就像被父母摇晃着入睡的婴儿，或是依偎着母亲而感到安全和温暖的小猫。所有哺乳动物都会使用安抚系统，它能使我们放松，放慢脚步，享受当下。当你早晨喝着咖啡，请人按摩，或用心欣赏花园里的鲜花时，你可能在使用安抚系统。这个系统能让我们向他人敞开心扉，伸出同情之手，而不是把他们视为潜在的危险。当你感到安全快乐、无忧无虑、有人关心、内心平静时，你就进入了安抚模式。

虽说安抚系统是三个系统中最令人愉悦的，但它也最容易被我们忽视。对许多人来说，由于童年时期受到创伤或生活很艰辛，安抚系统没有得到充分利用，甚至完全被封闭。学会定期激活它可以帮助敏感者打破游戏规则，我们将在本章后半部分讲述有关技巧。

偶发的过度刺激和长期的过度刺激之间的区别

值得庆幸的是，偶尔进入威胁模式本身并不危险，它也不会损害你的健康。正如艾丽西亚发现的那样，只要躲在一个安静平和的地方（美术馆），她的压力和愤怒就会逐渐消散。她写道："值得庆幸的是，我（和身边的人）发现，过度刺激只是暂时的。掌握正确的方法，它就会消失，甚至几乎不留任何痕迹。"[19]

不过，长期的过度刺激就是另外一回事了。当我们的身体因为某些不可避免的持续情况而不断陷入威胁模式时，我们就会面临长期的过度刺激。也许一个同事搅乱了你的工作环境，也许你要单独照顾年幼的孩子；你生活或工作的地方可能本来就少不了过度刺激。如果你觉得精疲力竭或再也坚持不下去了，你可能正在经历长期的过度刺激。疲劳也是长期过度刺激的一个标志。如果你一直觉得很累，甚至在休息之后还是很疲惫，这可能是因为你的神经系统处于超负荷状态。俗话说，"这是一种不能通过睡觉缓解的疲劳"。其他标志包括，你发现自己更容易哭了（有时根本没有什么原因），甚至可能出现实实在在的症状，比如肌肉疼痛、头痛或消化系统问题，但没有明确的身体原因。虽然你可以从偶发的过度刺激中恢复，但长期的过度刺激是一个更严重的问题，最终可能有损你的工作表现、人际关系、身心健康，还有幸福感。

如果你正经历长期的过度刺激，那你需要后退一步，仔细评估一下当前的情况。究竟是什么引发了过度刺激？是某些人、某件事情、某种噪声，还是别的东西？你怎么做可以避免或减少这些触发因素？能不能减少与这个人相处的时间，只通过电子邮件而不是面对面进行交流？能不能戴上耳机减少噪声，多多休息，缩短工作时间，把任务分一些给别人，或者向他人求助？有时，摆脱长期过度刺激的唯一方法是让自己远离当下的环境、关系或工作。离开并不容易做到，但如果必要，请允许自己这样做。

缓解过度刺激的一套方法

不管是偶发的过度刺激，还是长期的过度刺激，关键的应对之法是创建一种有利于你的敏感天性的生活方式，而不是反着干。首先，你需要可靠的方法来激活安抚系统，立即结束过度刺激。其次，你需要现实的方法来建立一种长期的生活方式，滋养你的敏感天性。

采取这些方法并不能保证过度刺激会完全停止，也不能保证你永远不会面临感官超负荷的挑战。即使是敏感的尼姑罗卓·赞莫①，在几乎未曾间断的 11 年闭关期间，有时也会觉得寺院的祈祷和打坐给她带来了过度刺激。正如赞莫所说，这让她"内心有一种闪电划过的感觉"[20]。如果她与其他人交谈，这种感觉就会加剧，等一天结束的时候，她会觉得快受不了了。随着时间的推移，她学会了如何与这种能量相处，因为她开始明白这种能量是她自身的一部分，她不再试图控制它或让它消失。相反，她解释说："如果我保持沉默，就像等风平息一样，内心的一切就不会再让我感觉不舒服。"[21]

《高度敏感的人》一书的作者汤姆·福尔肯斯坦换了种说法。"受到过度刺激的倾向是无法完全避免的，因为我们不可能避开所有潜在的挑战——无论是前往拥挤的超市，参加兄弟的生日聚会，做工作报告，组织或预订下一次假期出游，还是参加即将举行的了解孩子在校表现的家长会。"[22] 他还指出，如果我们把生活安排得完全避开所有可能引发过度刺激的情况，那么我们最终可能会过上一种相当无聊的生活。相反，敏感的人应该接受他们可能会偶然碰到过度刺激的情况，利用不同的方法来缓解刺激。

正如我们所看到的，过度刺激没有单一的表现方式，所以也没有单一的方法可以每次使用。这就是我们建议采用一套方法的

---

① 赞莫恰好是本书作者安德烈的姐姐。

原因。在这套方法中，有各种策略供你使用，你可以选择届时对你帮助最大的策略。最重要的是，这套方法中的所有策略都涉及以某种方式安抚自己。记住，重点不是遵循某个脚本，而是要从威胁模式或驱动模式转换到安抚模式。因此，你可以根据具体情况调整策略。唯一不应该改变的是养成尽早并经常使用这些策略的习惯。

针对过度刺激建立早期预警系统

在生病之前，你可能会感到喉咙发痒或者只是觉得不舒服，这是普通感冒或流感的早期预警信号。同样，在你达到全面过度刺激的状态之前，你的身体也会给你一些预警信号。你越能识别这些信号，就越容易在过度刺激变得难以招架之前避开它。在一天当中，你可以问自己下面这些问题来检查一番。

- 我现在感觉如何？
- 脑海中出现了什么想法或图像？
- 身体的哪个地方可以感受到这些情绪？
- 身体感觉如何？

如果你感到坐立不安、紧张不已、心烦意乱、怒火冲天，想捂住耳朵或眼睛以屏蔽感官摄入，或者你肌肉紧张、胸闷、头痛、胃痛，那你可能已处于过度刺激的边缘。

可能的话，休息一下

当过度刺激来袭时，你能做的最有用的事情就是远离引起过度刺激的事物，无论是某个声音还是一段谈话。你可以休息一下；关上门；散会儿步；去洗手间；等等。如果你确实需要走开，一定要向身边的人说明一下。你可以说："我觉得有点儿刺激过度，需要休息一会儿，让身体平静。"如果在工作中，更合适的说法是："我需要花几分钟整理一下思绪，这样我才能知道如何把工作做到最好。我5分钟后回来。"

要想休息，最难做的可能不是知道自己什么时候需要休息，而是允许自己休息。休息对于打断过度刺激是至关重要的。一定要记住，如果你真的不想解释，去洗手间通常是最好用的借口。（正如一个敏感者所说的，"洗手间"还有一个说法，那就是"避难所"。）

在休息的时候，让身体清醒，意识到你并没有受到攻击，尽管你感觉受到了攻击。"当你受到过度刺激时，你会感到非常无助。"格勒里斯说，"我认为这是需要意识到的最重要的事情。你可能会感觉无助，但你并非无助。你的神经系统在说'嘿，我们有危险'，但其实没有危险。一定要提醒自己注意这一点。"[23]

给自己平静的感觉输入

更多的时候，我们无法逃避让我们感觉刺激过度的局面。这时，我们需要其他方法来降低我们的觉醒水平。当威胁系统开启时，我们必须中断身体的物理反应（因为威胁模式本质上是身体的一种物理反应）。打断这种反应的方式也是物理性的。例如，你可以用后背用力顶着墙；仰面躺在地板上；用手支在厨房台面或办公桌边上做简易的俯卧撑；用双臂给自己一个紧紧的拥抱（如果合适，就让别人拥抱一下你）。格勒里斯说，本体感觉输入[24]，即移动身体抵抗阻力时的感觉，是最令人平静的感觉输入类型。本体感觉输入最好的一点是，你可以随时随地自己触发，而且没有人知道。（本体感觉输入也是人们喜欢盖厚被子的原因。）

少转头

前庭系统是一个拥有很多功能的感官系统，其中一项功能就是追踪头的位置。当你转头时，大脑就会产生电活动，其他感官也会活跃，这可能会助推过度刺激。因此，找好姿势，尽量减少头部运动。如果你在做晚饭（对孩子还小的父母来说，这往往是一项刺激过度的任务），先从橱柜里把需要的所有东西准备好，这样你就不必来回取东西了。你如果在参加晚宴，那就坐在桌子的一头，这样你就可以同时看到所有人。最好背对着墙，这样你就不必过滤来自背后的感觉输入。你的威胁系统会感到更安全，因为"掠夺者"无法偷偷地接近你。（这也是为什么我们喜欢舒适的空间，喜欢饭店或会议室靠墙的座位。）

像安慰小孩一样安慰自己

家长们都知道，小孩子很容易受到过度刺激，因为他们未发育完全的大脑一直在学习和处理各种信息。所以，你要像同情受到过度刺激的孩子一样对待自己。"小的时候，如果父母对你大喊大叫、批评你，或者把你一个人丢在房间里，你不会平静下来或停止哭泣。"福尔肯斯坦写道，"因此，重要的是，在艰难时刻，你要通过情绪调节照顾自己、安慰自己，而不是批评自己怎么这么快就感到过度刺激，有这么强烈的感受（'唉，又来了！'）。这只会增加你的紧张感，唤醒你的情绪，并不能帮助你更快地平静。"[25]你可以试着把自己想象成一个小孩，对这个小孩说些安慰的话。"我知道这对你来说很不容易。""我能感受到你的痛苦。""你并不孤单，我在这里陪着你。""和我说说发生了什么事。"

激活认知脑

我们实际上有两个大脑：认知脑和情感脑。专门研究高敏感特征的心理治疗师朱莉·比耶兰说，敏感者往往在情感脑上花费更多的时间。她解释说："当情感脑被激活时，认知脑基本上就睡着了。"[26]（如果你有过这样的经历，觉得自己生气或紧张时无法清晰思考，那么说明你的情感脑已经压倒了你的认知脑。）正如威胁系统和安抚系统不能同时启动一样，我们的认知脑和情感脑也不能同时启动。唤醒认知脑可以降低面临过度刺激时的情感强度。比耶兰建议拿一张纸，写下你所感受到的情绪和她所说的"认知事实"。在这种情况下，认知事实是指与情绪信息对应的观察结果。例如，你的情绪可能会告诉你："我把演讲搞砸了，丢人现眼了。"下面这些认知事实可以反驳这一信息：

■ 我表现出了自己的水平。

■ 同事告诉我，我做得很好。

■ 如果老板认为我做不好，她就不会让我来主导这次演讲。

比耶兰建议说，为每种情绪写下至少 3 条认知事实。[27] 因为认知脑负责语言，把感受诉诸文字的过程就是激活这部分大脑的一种方式。

创建敏感庇护所

把环境装扮得有利于滋养你的敏感天性。在一个开放的办公室或教室里，你不可能总是找到平静，但你应该至少有一个空间能立即让自己感受到平静。这就是你的敏感庇护所。这个庇护所可以是一个房间或完全属于你的空间。在这里，你的压力可以得到缓解，你可以躲开外面的噪声。如果你自己的房间无法提供这样的功能，那你可以从一张舒适的椅子、自己的书桌或任何安静的角落开始。用柔和的颜色或使你快乐的东西加以装饰。身体舒适是关键，所以可以配上枕头、带毛绒表面的用品、柔和的灯光和舒适的家具。储备一些可以给你带来最大快乐的东西，比如书籍、日记、蜡烛、宗教物品、平静的音乐和你最喜欢的零食。具体细节并不重要，重要的是这是你的个人空间，其装饰风格可以让你处理思绪并平静下来。

最重要的是，一定要把这个庇护所告诉家人或室友，强调说你在庇护所的独处时间对你的身心健康很重要。许多敏感的人会本能地创造这样一个空间，但除非他们对庇护所及其用途有明确的界限，否则其他人可能会不请自来，打扰你，甚至将其据为己有。要知道，每个人可能都需要一个特殊的私人空间，在这里什么都不做或只是为了放松，但这个想法对某些人来说可能很陌生。如果你不想别人动你庇护所里的东西，不想你在那里品茶时有人打扰，那你一定要清楚地把这些信息告诉别人。

设定健康的界限

说到界限，出现长期的过度刺激往往是因为我们的界限有漏洞，也就是说，对于有些地方，我们没有设置界限或没有明确传达这种限制。（如果你是一个讨厌设定界限的敏感人士，请举手。你这样想是因为你不想伤害任何人或让他们失望！）界限让人感觉好像违背了敏感者与生俱来的同理心。但是，你设定的界限不一定是一堵墙或隔断——它只是一份个人清单，上面列了你想做或不想做的事情。对敏感的人来说，下面这些说辞可能有助于设定健康的界限：

- "这个周末我可能参加不了那场活动了。"
- "我只能待一个小时。"
- "这对我来说行不通。"
- "我做不了。"
- "我很想去，但因为没有提前通知，我的时间错不开。改个时间可以吗？"
- "你现在如此艰难，我很难过。我很想帮忙，但如果_____，就超出了我所能承受的范围。有没有其他事是我可以帮你的？"
- "我知道这是一个重要的话题，但我现在无法谈论它。"
- "如果我告诉你我的想法，结果遭到你的批评，那我只能闭口不谈。只有你的回应表现出尊重，我才能与你交谈。"
- "我内心很挣扎，想找个人说说话。你现在方便倾听吗？"
- "我需要一些独处的时间，你能照顾几个小时孩子吗？"
- "我感觉很累，需要休息。"

倾听情绪传达给你的信息

《学会接受你自己》一书的合著者史蒂夫·C. 海耶斯解释说，当你被强烈的感觉淹没时，请记住，情绪本身并不是问题。[28] 就像手机上的提醒或朋友寄来的明信片一样，情绪只是信使。正因为如此，我们不必对每一种情绪有所回应，但这些信息至少是值得倾听的。有时，情绪是在告诉我们，一条重要的界线被跨越了，是时候采取行动了，或是我们在一段关系中的需求没有得到满足。它们往往会帮我们积累经验，提供一些做出改变的机会。尽管你很想告诉自己你反应过度了——毕竟，你这辈子听了太多次这句话——但不要忽视你的情绪或过度刺激的感觉。你不必紧紧抓住它们不放，但也不能视而不见。"它们会出现，也会消失，会在你的体内停驻该停驻的时长。"海耶斯解释说，"当事情不顺时，它们会变成重要的教训，而当事情尘埃落定时，它们会变成美好的回报。"海耶斯说，如果出现强烈的感觉，就花点儿时间思考一下这些问题："这种情绪想让我做什么？""它是不是说明我在渴望什么？"[29]

腾出时间，快乐玩耍

跟着车载收音机唱歌，在走廊上蹦蹦跳跳，与小狗玩扔接东西的游戏，堆雪人，骑自行车随处游玩，拿起孩子的玩具玩上一会儿，在周围寻找有意思的东西……心理学家把这种对娱乐的关注和参与娱乐的意愿称为"游戏伦理"。[30] 游戏伦理是说接受心里那个还是孩子的你，并腾出时间玩耍。治疗师卡罗琳·科尔在"敏感避难所"上写道，这种好玩的一面"多年来往往被其他事物掩盖，比如害怕不合群，太看重责任感，感觉自己根本没有时间去玩"。[31] 她建议自己的所有病人培养游戏伦理，特别是敏感的病人，这有助于在过度刺激爆发之前将其遏制。幽默尤其需要前额皮质，大脑的这个部分可以抵御过度刺激。换句话说，你不可能在看到有趣的东西大笑时，还觉得不堪重负。

给自己一点儿时间

当你受到过度刺激时，情绪排山倒海般袭来，你的身体可能会被焦虑或压力淹没，所以很难记得使用上文介绍的方法。格勒里斯承认，当她给女儿换尿布而受到过度刺激时，所有方法都飞到了九霄云外——尽管她自己就是一位传道授业的感觉处理专家。因此，应对过度刺激最重要的一点也许是给自己一点儿时间。格勒里斯说："如果可以，先顺势而行一小会儿，当你的状态稳定下来时，就可以使用这些方法了。遭受过度刺激的感觉总会结束的，虽然你感觉它不会结束，但实际上会的。"[32]

有时候，过度刺激是无法避免的，一定要接受这一事实。要知道，过度刺激说明你的大脑在做它最擅长的事情：深度处理。遇到这种时候，尽可能使用合适的方法，如果结果并不完美，也不要苛责自己。俗话说，总会过去的。

第五章
同理心改造升级计划

有时候，我想我还需要一颗备用的心来感受自己所感受的一切。

——萨诺贝尔·汗，《一千只火烈鸟》之《备用的心》

雷切尔·霍恩遇到了麻烦。[1]她排除万难才被一所著名大学录取，学习全球慈善管理。不幸的是，对那些想要改变世界的人来说，就业市场即使在最好的时候，竞争也十分激烈。毕业一年后，霍恩被学生贷款压得喘不过气来，急需一份工作。恰好一家为痴呆老人提供安宁疗护的养老院需要一位经理。她心想，尽管这和她最初的计划不同，但她或许可以帮助别人。这份工作也许是她擅长的，毕竟她是一个敏感的人。

照顾老人是份很重要的工作，对霍恩来说却成了令她心碎的职业经历。她的工作日程满满当当，要护理老人，做好后勤工作，其中还涉及有关生死的决定，所有工作都要面带微笑完成。她办公的地方挤在装活动用品的储藏室里，成堆的飞镖盘在她的电脑上方摇摇欲坠，心电图变成直线的可怕声音透过薄薄的墙壁传来。当然，这里也有一些美好的时刻，比如她听懂了在痴呆症状中迷失自我的老人的意思，给他带去了阳光般的快乐。有一次，她给一个病人放音乐听，尽管同事说她是在浪费时间，因为病人已经奄奄一息了。可有一天，他突然朝她唱了那首歌中的一句。这是她唯一一次听到这位病人开口发声，就是那一天，她知道自己在影响别人。

但这样的时刻没有那么容易出现，其中一个原因是为此放慢速度会让每个人都跟不上计划。还有永别的时刻。工作人员刚与某位病人建立真正的关系，结果第二天却发现他离开了人世，这种情况并不少见。霍恩不明白她的同事怎么能若无其事地继续工作——他们的态度看似那么无情、那么冷酷。她告诉我们："我不可能和受病痛折磨的病人保持专业的距离。我不会说'好了，5点了，是时候关门和朋友们出去玩了'，而会说'刚刚有人去世了，为什么会这样'。"[2]

还有些时候，病人在临终前向她敞开心扉，讲述他们的感受、遗憾，甚至是他们不想带进坟墓的家族秘密。作为一个敏感的人，霍恩可以不加评判地倾听，给他们带去安慰。但这种情感付出对她十分不利。她说："我可以在需要我的人面前坚持下去，但我钻进自己的车，关上车门后，就忍不住哭泣。"[3]

从理论上讲，霍恩已经在改变世界，但她睡眠不足，无数个夜晚，她泪涔涔地回到家中，第二天早上又开始以泪洗面。

在养老院仅工作了 5 个月，她的身心状态就达到了极限。她需要改变。

就在这时，她遇到了一个名叫弗洛里安的法国男人。[4] 他亲切的眼神和无忧无虑的神态让她想起了曾经的自己，那个生活中有私人空间的自己。弗洛里安有足够的空间。他搭便车环游世界，这次碰巧在霍恩朋友家的地盘上露营几晚，随后他会继续上路。他没有计划要见什么人，也不用像管理资产负债表一样"管理"悲惨的死亡。他的生活看起来无比安宁。

那天晚上，霍恩和弗洛里安谈了很久，她向他提出了一个又一个问题。他耐心地一一作答。不，他并不富有。不，他没有不安全感。不，他从来没有在搭帐篷的时候被别人吼过。是的，他很开心——那她呢？慢慢地，霍恩承认她很羡慕弗洛里安。大多数人会说，他们永远不会像弗洛里安那样做，但霍恩把他的旅程看成她的工作的一个可行的甚至更好的替代品。

第二天，霍恩发现自己已经下定决心。她要结束自己的工作，而弗洛里安将带着准备好的帐篷和背包搭车到她的公寓。在他的帮助下，她将要做那件每个父母都希望孩子永远不要做的事情：和陌生人一起进入荒野。她知道她可能会失去一切，耗尽钱财，甚至可能最终陷入真正的危险。虽然如此，但她还是感觉轻松了许多。多少年来，这是源源不断的来自他人的需求和情绪第一次远离她而去。

同理心的副作用

虽然同理心是所有敏感者最伟大的天赋之一，但它也可能给人一种诅咒的感觉。这是因为移情可能带来痛苦。它要求我们真正理解别人的感受，甚至与他们一起体会这种感受，不过要用我们自己的身体。像所有情感一样，这种体会有时可能让人抵挡不住，而且像所有情感一样，它很难应付。因此，同理心会伴有一些副作用。

其中一个副作用是你在内化世界上最令人不安的事件时所背负的压力，包括你在新闻上看到的，还有自己亲身经历的。另一个副作用是"职业倦怠"，也被称为"同情疲劳"——当照顾他人的持续努力变得过于沉重时，这种情况就会出现。霍恩经历的就是职业倦怠。教师、护士、治疗师、家庭主妇和其他从事护理工作的人特别容易面临同情疲劳的风险。举个恰当的例子，美国医学会的调查显示，2021 年，在新冠病毒疫情防控期间，职业倦怠是诸多医护人员辞职的首要原因。[5] 甚至到 2022 年，1/5 的医生和 2/5 的护士表示，他们打算在两年内离开现在的工作。另有 1/3 的医护人员希望缩短工作时间。

不过，如果你问任何一个敏感的人，他都会告诉你，高水平同理心最常见的一个副作用是吸收了自己并不需要的情绪。对一些敏感者来说，情绪是环境中的有形存在，其结果是突然觉得被不知道从哪里冒出来的感觉入侵。一分钟前，你还在喝着咖啡；一分钟后，你就变得紧张害怕，环顾咖啡馆寻找原因。一位敏感者曾告诉我们，她似乎能感觉到母亲的情绪，比如焦虑，即使她和母亲离得并不近，比如她们在商店的不同区域挑选东西。

对不太敏感的人来说，有一个简单的方法可以消除同理心的副作用，那就是把同理心水平调低。然而，敏感者在一生中会不断听到有人给他们提这个建议，可他们无法关闭自己的同理心，就像他们无法关闭感官系统或停止深度思考一样。

真心话：别人的情绪会对你产生什么影响？

"每当我走进一个房间时，我做的第一件事就是扫视每一个人。我的所有感官都会感受到他们的情绪。积极的情绪使我保持乐观，消极的情绪则使我感到疲惫。有时我觉得自己甚至能感觉到宠物的心情。"——杰基

"应对其他人的情绪对我来说极具挑战性。男人是不应该注意到这种事情的。事实上，我已经学会了一些微妙的方法去忽略其他人的眼神、语气、肢体语言、说话方式等，从而减少摄入他们的侵入性情绪。如果我不得不与那些愤怒或有恶意的人接触，我的神经系统就会被扰乱好几天，有时他们甚至会激起创伤反应。经过很多努力，我现在通常能分辨出哪些情绪是我自己的，哪些不是我的。"——特伦特

"我可以感觉甚至设想他人的情绪。一般来说，很难知道他们的情绪波动会在哪里结束，而我的情绪又会从哪里产生。身处一个全是陌生人的房间里是最糟糕的情况，因为我说不出这些感觉的理由，我经常认为那些感觉是我自己的。如果我受到过度刺激，那么其他人的情绪就会把我的大脑拖入消极的状态。如果我没有受到过度刺激，那么我常常可

以把它们用作线索来帮助别人。但即使如此，我也必须非常小心，不让太多的情绪进入我的心。"——马修

"我会吸收所有东西！我正在努力学习如何控制。但我就像一台人类恒温器，可以说出一个人甚至整个房间的'温度'。"——凯

情绪传染

敏感的人都很清楚，情绪是会传染的，就像普通感冒一样，很容易从一个人传给另一个人。事实上，心理学家根本不把情绪传播称为"同理心"，他们称之为"情绪传染"。不管我们是不是敏感的人，我们在某种程度上都会感染某种情绪。能够传染的不仅仅是负面情绪，比如压力和愤怒。聚会的意义就在于通过微笑、大笑和跳舞从朋友那里吸收快乐的感觉。事实上，感染他人的情绪是我们之所以为人的一个关键——就像敏感一样，它有助于人类的存活。当一群人"染上"灵感时，他们会为一个共同的目标而努力。当他们"染上"恐惧时，他们会动员大家共同对抗威胁，并在面对危险时迅速做出反应。

情绪传染在一定程度上是通过研究人员所说的"变色龙效应"[6]实现的。就像变色龙会变成和周围环境一样的颜色，我们也会无意识地模仿周围人的言谈举止、面部表情和其他行为，以便更好地迎合社会环境。如果同事在走廊上看到你时对你微笑，你可能会自动回以微笑。这种社会反应是一件好事：当你重复另一个人的行为时，那个人会对你产生好感。变色龙效应

还解释了为什么一群朋友之间谈话和开玩笑的方式是相似的，为什么我们回应陌生人的情绪后，会在几秒内与其建立融洽的关系。研究表明，同理心比较强的人，比如敏感者，表现出的变色龙效应比其他人强。这一发现也解释了为什么敏感者经常说，陌生人很愿意向他们讲述自己的故事（就像霍恩的病人那样）。敏感者会下意识地再现对方的情绪，而这种镜像般的映照让双方建立了信任。

我们可以看到，这种感染并再现情绪的生物过程分为三个阶段。[7] 第一阶段是变色龙效应，你会模仿另一个人透露的线索，比如微笑或皱眉。接下来是第二阶段——反馈回路。随着你的身体呈现某种情绪，你的大脑开始感受到这种情绪，比如快乐或担忧。在第三阶段，对方可能开始讲述他的感受或经历。理想情况下，从他的话语中，你可以了解到他感到快乐或压力的原因，并推而广之，了解到自己为什么会有同样的感觉。这个阶段的用处可能很大，特别是当你面对痛苦的情绪时，因为它可以让你把情绪放到特定的场景中，为情绪找到原因。不过，这一阶段还可能加强反馈回路。随着你们二人变得同步，你最初的皱眉变成了真正的苦恼。更糟糕的是，如果你们二人没有沟通——也许是因为对方不想谈论自己产生这种情绪的根源，那么焦虑和不确定性就会出现。设想一下，你的同事被叫去见老板，走出办公室时泪水在眼眶里打转，然后收拾东西离开了。吸收同事的恐惧和悲伤（即使你知道他被解雇的原因）已经很有压力了，可当你染上这些感觉却没有得到解释时，你就会怀疑自己也将成为砧板上的鱼肉。

如果你觉得自己不是一个敏感的人，你现在可能会想为什么敏感的人这么喜欢谈论他们的感受。他们一直在经历这个循环，他们的同理心会让他们背负周围人的压力。感同身受可能很美好，但如果一直这样，它也可能成为痛苦的来源。

最有力的超级传播者

吸收陌生人的情绪是一回事，但吸收自己最亲近的人的情绪完全是另一回事。事实上，研究表明，当情绪来自亲人时，其感染力大得多。一项研究发现，配偶会深深影响彼此的压力水平。[8] 因此，共同的压力在婚姻满意度（或不满意度）中起着重要作用。一位敏感的妻子曾告诉我们，当她的丈夫开始骂人或变得激动时，即使问题与她无关，她的身体也会立即出现生理反应和情绪反应，比如恐慌，甚至流泪。然而，丈夫却觉得他发泄情绪并不是多大的事。（有趣的是，一位研究人员发现，女性比男性更容易受到情绪感染，尤其是压力和消极情绪。这可能是因为女性在适应社会的过程中更关注周围人的情感需求。[9]）另一项研究发现，夫妻一方得了抑郁症，常常会导致另一方罹患抑郁症，父母和子女，甚至室友之间，也是如此。[10]

更糟糕的是，负面情绪比正面情绪更容易传播。在一项研究中，观察者需要观看一个不幸的测试对象在没有准备的情况下向观众做演讲，并当众完成心算问题。[11] 被试的压力颇具感染力，以至于观察者的皮质醇（压力激素）水平显著提高，即使他们只是通过单向镜观看——事实上，如果他们在另一个地方观看视频，也是同样的效果。难怪许多敏感者表示，他们无法忍受看某些电视剧或电影，比如令人紧张的悬疑片或暴力片。

这些发现强调了要明智选择核心朋友的重要性。你最好避开长期喜欢抱怨的人，总是那么消极的"有毒"之人，还有允许自己展露强烈情感但不怎么回应别人情绪的人。这些人是世界上的超级情绪传播者[12]——他们传播着最负面的情绪，就像新冠病毒疫情防控期间养老院和饭店迅速传播病毒一样。

俗话说，同理心就是"把你的痛放在我的心里"，这有时可能会让人承受不了。但是，如果你退一步想，那些遭受苦难的人实际上并不需要我们去感受他们的感受，他们需要的只是我们的帮助。当然，每个人都希望亲人支持他们，理解他们正在经历的苦难——敏感者就擅长为他人建立这种情感空间。但是，当我们承受不了时，这种反应会适得其反，就像听到婴儿的哭声，以哭声回应一样。如果情绪太过痛苦，我们甚至可能会远离那些正在遭受苦难的人。如果你在电视上看到有关受虐动物的广告时换过频道，那么你可能会有同感。

但是，同理心怎么会有这么大的问题呢？我们在第三章介绍过，同理心是人类道德的基础，也是人类发展的动力，它怎么不一直促进人们互相帮助呢？

答案是，同理心仿佛一个岔路口，它可能会引导你走向悲伤和痛苦。但通过练习，它也可以引导你走向更美好的前方，让你和正受苦的一方都获得益处。[13]

这个更美好的前方就是慈悲心。

超越同理心

"世界上最快乐的人"并不赚钱。[14]他没车没房，冬天在尼泊尔的一间小寺庙闭关，那里没有任何舒适度可言，甚至没有暖气来抵御寒冷。这个人就是马修·里卡德，他原来是法国的一位分子生物学家，后来出家成为僧人。

里卡德听到人们这么评价他，感到有些不好意思，那是十多年前一家英国报纸创造的词。里卡德说，这都是媒体的炒作。不过，这句评价语不完全是子虚乌有。里卡德参加了一项为期12年的冥想研究，其中包括多次大脑扫描，他的扫描结果有一点极不寻常：他与积极情绪有关的大脑区域的活跃水平是科学界从未见过的。换句话说，他极为满足。

事情是这样的，里卡德在德国马克斯·普朗克研究所接受功能性磁共振成像扫描，其间他会看痛苦之人的照片。研究人员让他专注于自己的感受，坐在那里痛苦地见证另外一个人的痛苦。（本质上，研究人员是让他利用自己的同理心应对。）据说过了一段时间后，他向研究人员提出请求。"我能不能开始使用慈悲心？现在这样太痛苦了，让人无法承受。"[15]令人惊讶的是，当他改用慈悲心时，他发现自己可以无限期地见证他人的痛苦，而没有让情绪超负荷。

能够改变大脑的慈悲心

这就是慈悲心的魔力。[16] 慈悲心这种特质与同理心密切相关，但又有微妙的不同。同理心包括映照别人的情绪状态，与他们一起体会那种情绪，而慈悲心涉及你的反应，包括关切、爱心或温暖。慈悲心还意味着行动。同理心可以是简单地对某人表示同情，然后继续过自己的生活，但慈悲心涉及帮助他们或代表他们采取行动的愿望。因此，它会让我们从一个有压力且不知所措的状态上升到一个温暖有爱的状态。在慈悲心的驱使下，我们会变被动为主动，会伸出援助之手，而不是只会沉浸在痛苦之中。

当我们调动慈悲心时，我们大脑中的化学物质会发生改变。事实上，著名的慈悲心研究者塔尼亚·辛格发现，我们在感受别人的痛苦（同理心）和想对别人的痛苦做出热情回应（慈悲心）时，大脑被激活的部分并不相同。[17] 慈悲心会让我们的心率减慢，释放"连接激素"——催产素，而大脑中有关爱和快乐的部分会活跃起来。辛格解释说，一旦慈悲心启动，我们不一定会和对方一起经历痛苦，但我们会关心他们，并有强烈的愿望帮助他们。慈悲心不是让我们远离他人，而是让我们与他们建立更深的关系，加强我们的社会联系。

说白了，同理心本身就是一个优点，它是所有敏感者共同拥有的一种超能力。但是，仅靠同理心可能会让人不堪重负。这就是需要慈悲心发挥作用的原因，它会让我们利用同理心来影响他人。

表 5-1　区分同理心与慈悲心

同理心	慈悲心
经历他人感受到的情感	不一定会感受到相同的情感
向内聚焦（我们自己的感觉或理解）	向外聚焦（渴望与他人建立联系并采取行动支持他人）
可能导致疼痛、痛苦或悲伤；可能会使我们因此退缩，以减少我们对他人痛苦的感同身受	激素和大脑活动已做好准备，使我们可以提供帮助、建立联系，并给予关怀
面部表情和动作往往表现出悲伤、痛苦或担忧（畏缩；保护性的手势，比如同情地捂住胸口；露出震惊或担忧的表情）	面部表情和动作表现出对他人的投入（倾身向前，走近对方，进行眼神交流，轻触，表达真心实意）
心率上升，心情紧张	心率下降，心情平静
与消极情绪有关的大脑活动	与积极情绪有关的大脑活动
可能建立联系，表现出关心，也可能导致痛苦和回避	总是想要接近对方或提供帮助
基本的生物反应——可能是自发的，不需要培训	需要努力；若没有经过练习或没有明确意图，则不容易触发慈悲心

更令人高兴的是，从同理心到慈悲心的转变会影响我们这个纷扰太多的世界。[18] 我们在无数用慈悲心应对悲剧的普通人身上看到了这种转变的影响，苏珊·雷蒂克就是其中之一。她的丈夫在"9·11"事件中丧生。虽然她的生活被打乱了，但她看到公众纷纷对"9·11"事件遇难者的遗孀提供帮助。随后，她看到一群没有得到这种帮助的妇女，那就是阿富汗的战士遗孀。杀害雷蒂克丈夫的恐怖分子就曾在那个国家受训。阿富汗的妇女失去丈夫后往往陷入贫困，甚至失去孩子。因此，在许多美国人屈服于伊斯兰恐惧症和其他形式的仇恨时，雷蒂克敞开心

扉，觉得她和阿富汗妇女不是敌人，而是有着共同之处。她开始筹集资金，跨越两个交战国家提供帮助。在她还没有意识到这一点时，她已经与人创立了一个国际援助组织，让阿富汗妇女学习技能，独立赚钱。雷蒂克后来获得了总统公民奖章，这是美国非军事领域的最高奖项。但是，她说这一切都始于一个平凡的目标：为阿富汗的哪怕一名妇女提供自己在最黑暗时刻得到的那种支持。

雷蒂克并非异类，至少在高水平同理心的人看来不是。她还成了一个值得研究的个案，她的事例说明同理心是敏感者的一种内在力量。它不仅是一种让人感觉良好的品质，还是人类可以发挥的最重要的一种超能力。或者至少可以说，当敏感者学会超越情绪传染、怀有慈悲心时，同理心就会成为一种超能力。

问题是如何做呢？

如何从同理心跃升为慈悲心？

答案与神经科学有关，也可以说与冥想有关——说白了，就是看你把注意力放在哪儿。注意力就像一盏聚光灯，它会照亮某些事物，而其他事物仍处于黑暗之中。灯光照到的东西在你的大脑中变得更加明亮，而这些东西进而成为你的内心经验，也就是你的思想和情感。举个例子，回忆一下你和领导上一次关于绩效评估的谈话。领导可能说了你工作中的五个优点，只说了一个缺点！如果你把注意力放在那个缺点上，谈话结束后，你就会低着头离开；如果你把注意力集中在领导提到的诸多优点上，你就会感到更加平静、更加沉着。

因此，为了培养慈悲心，我们必须重置一下聚光灯，把它照在对方身上，而不是我们自己的感觉和反应上。神经科学家理查德·戴维森解释说："如果没有表现出关心和同情，同理心就是一种以自我为中心的体验。我们自己会变得痛苦，并试图应付自己的这种反应。慈悲心恰恰相反……我们不会纠结于自己的感觉和反应。我们在注意力中注入了关怀和想要提供帮助的意愿，我们关注的是对方。根据定义，慈悲心总以他人为中心。"[19]慈悲心想要表达的是："我的感觉无关紧要，现在你才是重点。"

想要马上转换成以慈悲心面对问题可能很难，但多加练习，它就会变得容易得多。戴维森指出，你甚至不必表现出温暖和友善，只需要转变态度或"方向"——可能的话，伸出援手。[20]慈悲心可以是一个小小的举动，比如发短信问候朋友，或者帮邻居提沉重的购物袋。还有些时候，慈悲心意味着勇敢反抗霸凌，纠正不公现象，解决世界面临的重大问题。

慈悲冥想

有一种转移注意力的方法已经得到了证实，那就是慈悲冥想。[21]这种冥想有多种不同的形式，通常也称作"仁爱冥想"，以佛教为根基。还有一些纯世俗的冥想方式。不管用哪种方式，结果都是一样的。你可以轻易地在网上或冥想软件中找到慈悲冥想的音频指南。我们最喜欢的是"坐禅：愿所爱的人万事无虞"[22]，这种冥想是戴维森的非营利组织"健康心智创新"开发的。你可以在免费的"健康心智计划"应用程序中找到它，免费音频也可以在SoundCloud（音乐分享社区）上找到。[23]

这种冥想首先要将慈悲心集中在自己身上，然后延伸到那些正在经受苦难的人身上，最终扩展到更广阔的世界。你可以思考或重复这样的话，比如"愿你少经历一些苦难"，"愿你快乐，愿你安康，愿你健康有力"[24]。这些简单的肯定性话语本身并不能改善生活，但它们确实能使你的大脑在需要慈悲心的时候做出不同的反应。冥想的重点是让你在这一天里都保持这种平静的慈悲心态，这是一种能使你更好地面对受苦之人的人生观。如果你定期冥想，这种态度就会自然形成。

"世界上最快乐的人"里卡德使用的冥想方法与此类似，他看待慈悲心的方式也与戴维森基本相同。[25]里卡德表示，如果心里想着别人的痛苦会徒增忧伤，"那么我觉得我们应该换一种方式"[26]。答案是"不要太以自己为中心"[27]。他说，当我们使用慈悲心时，我们会更有勇气。勇气从根本上讲是敏感者所需要的，这样我们才能在这个有太多纷扰的世界上有所作为——因为它能使我们在面对痛苦时变得坚强。

当敏感者表露慈悲心时，他们不仅掌握了风暴中的船舵，还会成为他人的方舟。几乎没有什么比一个拥有坚定慈悲心的人更能令人平静了。他们会关心别人，不会惊慌；他们会开口说话，但不下达命令。慈悲是所有人都能理解的一种语言，而敏感者就是能够流利地说出这种语言的人。当他们这样做的时候，别人会感觉到信任、踏实、关心和可靠，这正是我们这个世界现在最需要的。

减轻痛苦的其他方法

还有其他一些方法，可以使人增强慈悲心，以减少同理心带来的痛苦。

把自我同情放在首位。有些研究人员提出，同理心带来的痛苦在我们的生活中起着重要的保护作用。[28] 它会让我们免于因不停给予而心力耗尽。明白了这一点，你就可以满足自己的需求，而不会觉得自私。事实上，自我关心和自我同情已经经过了研究验证，它们可以确保你有余力同情并帮助别人。在你承受不了他人的情绪时，你要意识到这一点并允许自己休息一下。关掉新闻或放下手机。设定界限，远离那些不断用压力和消极情绪让你累垮的人。这个界限并不是说你对他们的痛苦无动于衷，或者你不同情他们，而是说你要同情自己，并为自己的付出设定健康的限度。换句话说，照顾别人的人先要照顾好自己。

把大问题拆解成可以解决的小问题。研究表明，当人们觉得自己无法改变现状时，他们就不太容易产生慈悲心，而更容易感到同理心带来的痛苦，比如你在新闻中听到战争、暴力或其他苦难的时候。[29] 因此，找到你能做的小事，这对你自己和那些需要帮助的人都会产生较大的影响。当你觉得提供帮助是一件令人生畏甚至难以承受的事时，想办法把它拆解成更容易实现的小事。如果你因为看到那么多遭到遗弃的动物被实施安乐死而感到痛心，你可能无法找到一家不杀生的收容所，甚至无法在收容所做志愿者，更不用说收养每一只被遗弃的动物了。但你也许可以给一家收容所捐钱，或暂时领养一只狗或猫，直到它们找到真正的主人。你还可以在社交媒体上分享动物的资料，鼓励熟人收养。

专注于捕捉积极的情绪。只要可能，一定要培养同理心带来的快乐。为了培养这种快乐，你要加倍重视同理心，只是要朝着相反的方向：你要专注于吸收他人的快乐。研究表明，当我们庆祝别人的好运时，我们大脑的奖赏系统会被激活。[30]这种激活会提高我们的幸福感，从而催生更高的生活满意度和更有意义的关系。它还与更渴望帮助他人和更大的意愿（慈悲心）有关。你可以通过多种方式感染别人的快乐，比如分享他们的胜利和里程碑，承认并说出他们的性格优势，比如善良或幽默，甚至看孩子或动物玩耍。还有一种方式是将注意力集中在你提供的帮助的积极效果上。例如，当你感到悲伤过度的时候，回忆一下你曾经改变的生命，而不要纠结于那些仍需帮助的人。

练习正念。高敏感人群治疗中心的创始人、治疗师布鲁克·尼尔森提供了一个练习正念的简单方法，它可以帮助你精准定位情绪传染。她说，你可以花点儿时间问问自己："这种感觉是我的还是别人的？"[31]答案可能显而易见，但也可能需要你花点儿时间与情绪共处。如果你发现自己是在与某人互动之后才有了某种情绪，那么这种情绪可能来自那个人。一定要小心那些悄然出现、看似属于你的情绪。举个例子，你在和一个朋友喝完咖啡后感到心情沉重。从深层次讲，这种情绪来自其他人——你的朋友因为失恋而伤心欲绝，你吸收了这种感觉。如果这种情绪不是你的，那么是时候给它贴上标签了。想象一下，在你面前有两只水桶，一只标着"我的"，另一只标着"不是我的"。把这些情绪放到"不是我的"那只水桶里，然后想象着把它交还给它的主人，让他把它带走——现在它已经是别人要处理的问题了。由于情绪可能具有黏性，你可以把想象的过程向前推进一步。在一天结束的时候，尼尔森会想象用吸尘器把一天中不必要的压力和情绪吸出来。这种做法有助于摆脱那些她甚至没有意识到自己已经吸收的传染性情绪，而且它设置了一道清晰的心理界线，表明她处理完这些情绪了。

保持好奇心。意识到其他人的感受并认为我们理解他们，这很容易。毕竟，敏感的人擅长理解肢体语言和其他线索。然而，我们的观察并不总是正确的，它们也不一定代表全貌，因为没有人能够确切知道另一个人的想法。一个看起来散发着怒气的人可能实际上并不生气，只是因为缺乏睡眠而感到疲惫，或是对一个无关的问题感到失望。所以一定要有好奇心，询问对方发生了什么。即使我们的假设是正确的，人们也喜欢有人倾听，而且深入了解他们的情况能帮助你把自己的感受隔离开来，而不是受情绪传染的摆布。如果对方表达了非常强烈的情绪，你就要观察这种感觉，但不要吸收它们。有一个可用的方法是想象你和对方之间有一面玻璃墙：这面墙允许你看到对方的感受，但这些感受不能穿透玻璃，相反，它们会反弹到对方身上。

生活在世界的边缘

雷切尔·霍恩即将陷入困境的第一个迹象也许是当地人给她的建议。"希望你带了厚实的衣物。"[32] 当时，她和弗洛里安正在苏格兰岬角徒步旅行，而她只有一只薄薄的睡袋和两三件羊毛衫。事实证明，这些东西在北海的寒风面前不堪一击。虽然那是夏天，但霍恩度过了许多个瑟瑟发抖的夜晚，有时甚至在热冲击的边缘。多亏了弗洛里安和他的银色急救毯，她才免于紧急就医。

他们的饮食也好不到哪儿去。他们在无人居住的岛上住了几个星期，只带了一些便于携带、高热量、容易烹饪的食物。大多数情况下就是简单的意大利面。霍恩急于寻找调味品，她学会了采集海藻，就像当地苏格兰人几百年来所做的那样。有时候，她在晴朗的日子里觅食；有时候，她会赶上瓢泼大雨。她说，那是她生命中最艰难的时刻。

但那也是她最好的时光。霍恩整天沿着广阔的海滩散步，徒步旅行，或坐在海崖边，眼前只有无尽的天空。老鹰在头顶翱翔，海豚跃出海面。有时，她会写诗，还有些时候，她只是静静地欣赏周围的景色。最重要的是，她敏感的内心没有任何束缚和干扰。她在采访中与我们分享了她的经历：

这是我人生中第一次有时间和空间治愈自己。没有让我喝排毒茶减肥的社交媒体，也没有让我用新款比基尼和漂亮高跟鞋来填补内心空洞的广告。没有洗衣机、电话或超市收银台的哔哔声。我从匆忙的现代生活中解脱，从一天要吸收 100 个人的情绪中解脱。我完全脱离了主流，这是我能给自己的最珍贵的礼物。[33]

在岛上游荡了 3 个月后，她和弗洛里安升级了装备。他们修好了一辆旧货车，把它变成一个小小的移动生活空间。他们把车停在法国的山区或偏远的海滩上，只有在采购必需品或见朋友时才会回归文明社会。在旅行中，霍恩遇到了很多不可思议的人——像她一样想改变世界的人：舍弃现代住宅基础设施的人、觅食者、种植有机食品的农民等。她说，这些人最终激励她"停下脚步"[34]。她和弗洛里安结婚了，二人在法国的一栋农舍定居。霍恩打理着一个再生花园，她甚至找到了一份新的工作，一份对她的敏感天性比较友好，而且能让她有所作为的工作。她现在是一家国际教育慈善机构的全职研究型作家。

霍恩会告诉你，她的非常规生活并不适合每一个敏感的人。她可能是提出这个观点的第一人。但对她来说，这种生活正是她所需要的，这样才能暂停四面八方袭来的情绪。这种暂停让她得以建立适合自己敏感天性的生活，那是一种能够让她以其他方式使用同理心的生活。

她写道："高度敏感的人会深度处理所有事情，我们不会仅仅满足于埋葬我们的真实情感，像别人告诉我们的那样去生活。无论你的梦想是住在露天的街道上，还是住在豪宅中，这都不重要。重要的是有胆量问自己真正想要什么样的生活，然后带着信心和勇气向梦想迈进。"[35]

第六章
全心的爱

世界上确有这样的爱情，两人幸福无比，羡煞旁人，但这种爱情只能发生在拥有丰富天性的人之间……它所联结的只能是两个宽广深邃的个人世界。

——赖内·马利亚·里尔克

布赖恩初遇萨拉时，谈不上一见钟情。他笑着说："我是她哥哥那个令人讨厌的朋友。"[1]虽然他们在高中时就认识，但直到几十年后才真正有了联系。[2]一开始，他们在脸书上互发信息。当时，萨拉是一个有两个小孩的单身妈妈。用布赖恩的话说，她的家人对她离婚这件事很不满。

但布赖恩与萨拉认识的其他人不同，他善良温柔，愿意倾听她吐露心声，而且从不妄加评判，还在她面对困难时给她支持。很快，他们每天都要聊上几个小时，每个周末都会见面。布赖恩在密歇根州的家中和我们通话时，措辞十分谨慎，经常停下来思考。他告诉我们："就制造大的惊喜而言，我可能不是一个特别浪漫的人，但我可以倾听她的心声，满足她的情感需求。"[3] 他说，萨拉爱上他恰恰是因为他的敏感。

没过多久，二人就准备迈出下一步。在约会短短 8 个月之后，他们在亲朋好友的见证下喜结连理，婚礼是在当地一个接待大厅举办的。布赖恩、萨拉和她的孩子们乔迁新居。萨拉说，这是一个"速成家庭"[4]。布赖恩成为孩子们的继父，他们都爱打棒球。与有些男人不同，他对孩子们很有耐心，即使他们淘气或犯了错也是一样。

但是，生活很快就开始分崩离析。家庭生活——还有抚养孩子所带来的各种压力——与布赖恩之前平静的单身生活截然不同。布赖恩和萨拉发现，他们吵架的次数越来越多，而这些争吵加剧了他们性格上的差异。"她是那种出现问题就想要立刻解决的人，"布赖恩告诉我们，"而我是那种需要退一步先行反思的人。"[5] 萨拉也觉得，他们在处理分歧的方式上"完全不同"[6]。萨拉"太直接了"，这对布赖恩来说可能很难招架。

这些争吵真的让布赖恩心烦意乱，有时他不明白两人为什么吵架，有时他无法向萨拉解释清楚。他只知道，吵架之后，他十分想长时间离开这个家。他会在沙发上看电视或独自去外面散步。有时候甚至要过三四天，他才愿意开口和萨拉说话。布赖恩不仅仅是在吵架之后才想一个人待着。他发现自己在忙完一天的工作时或到了星期六晚上，也想离开大家的视线。而这时，一家人好不容易有了闲暇，萨拉觉得他们应该去过二人世界或约朋友们一起玩。

在萨拉看来，布赖恩的退避没有任何道理。他看起来很戏剧化，只关注自己。让萨拉更生气的是，他对引起争吵的问题避而不谈。更糟糕的是，他似乎不再喜欢和她共处了。

他们的婚姻岌岌可危，布赖恩觉得自己不是一个合格的丈夫，甚至不是一个合格的男人。他患上了严重的抑郁症。"敏感不是男人应该有的。"他告诉我们，"敏感的男人是社会所唾弃的。"[7]有一次，萨拉要求离婚，布赖恩同意了。可当天下午，他们意识到这辈子都不想与对方分开，于是改变了心意。尽管如此，有些事情必须改变——不仅是为了他们二人，也是为了孩子们。布赖恩似乎到了即将失去一生至爱的时刻。

敏感者的关系困境

正如我们所看到的，敏感的人往往很认真，有很强的同理心，所以你可能觉得不管是友情还是爱情，建立健康牢固的关系对他们来说是很自然的事。然而，很多时候，敏感的人却觉得恰恰相反：人际关系是他们生活中最大的挑战之一。敏感者列出了一些他们觉得在婚姻和友谊中颇具挑战性的事情，看看你经历过哪些。

- 比爱人或朋友需要更多的休息时间才能从刺激中恢复。
- 如果遇到争吵、别人提高嗓门说话、用其他方式表达失望或愤怒（比如摔门），你会觉得难以承受。你需要比别人更多的时间从与亲人的冲突中恢复。

- 把爱人、孩子或朋友的需求放在自己的需求之前，甚至到筋疲力尽、疲惫不堪、没有自我的地步。

- 善于读懂他人，对方的情绪在你面前一览无余，同时自己会染上这些情绪。

- 容易被吵闹场面，强烈的、更具攻击性的个性影响，因此感到不满、受伤或被人利用。

- 容易被自恋者、其他"有毒"的或控制欲强的人盯上。

- 被别人说的话深深影响，尤其是批评和指责。

- 很容易对戏剧性事件、八卦或闲聊感到厌烦。

- 感到被人误解，因为你很敏感，感受世界的方式不同。

- 渴望建立更深层次的精神、情感和性爱关系，超过了许多人所能给予的程度。

- 一直在寻找"与你合拍的人"，就是那些理解你、尊重你，并珍惜你的敏感内心的人。

同样，如果你经历过其中任何一项，并不是说你有什么问题，而且像你一样的人并非少数——你只是生活在一个不那么敏感的世界里的敏感者。敏感问题专家伊莱恩·阿伦甚至说，总体而言，在与人交往的过程中，敏感者一般来说没有不那么敏感的人幸福。[8]这是她在对婚姻中的敏感者和非敏感者进行了一系列研究后得出的结论。具体来说，敏感的人表示，他们在婚姻中更容易感到"无聊"和"乏味"[9]，而这些感觉是预测未来是否幸福的关键因素。为了找出原因，阿伦向他们提出了这样的问题："当你在亲密关系中感到无聊时，通常是不是因为你希望你们之间的谈话更深入或更有个人意义？""你是否喜欢花时间反思生活的意义？"[10]不出所料，敏感者在这两个问题上的答案都是肯定的。

真心话：你觉得感情生活里的哪方面比较有挑战性？

"我总是以牺牲自己的需求为代价，优先考虑爱人的需求。有时我会因此忽视一些典型的疲惫信号。有的时候，我感到自己被忽视，自己的付出在对方看来是理所当然的。我高度敏感的爱倾泻而出，但我感觉不到对方给我对等的爱。"——拉妮莎

"我最大的挑战是找到能与我真正建立关系的人，他们理解我，愿意倾听我的感受——其实就是要找与我合拍的人。有的时候，我似乎碰到了错误的人，他们会挑战我的底线，触及我的某些弱点，比如情绪化、回避冲突、为自己挺身而出。在爱情方面，我是一个不可救药的浪漫主义者，一个梦想追求完美爱情的人，一个有着高期望值的理想主义者，而这些期望往往被现实压制。"——威廉

"我一下子就能捕捉到丈夫脸上的细微变化，比如当他对某件事情不以为然时。虽然他觉得自己掩饰得很好，但我能发现。我会因此做出反应，并感到自己受了伤。然后，我会问他为什么有那种表情，并刨根问底。"——埃玛

"我觉得最糟糕的是不被丈夫理解，不能随时随地进行深刻的对话。他可以与我深入交谈，但如果我再进一步，他要么看不出我的意思，要

么不想再谈。他的思考很有逻辑性，并且他比较注重字面意思，所以他有时很难倾听和理解我。"——劳拉

那么，为什么敏感者的感情生活不那么幸福呢？可能有以下几个原因，但这些原因并非全部适用于每个敏感者或每段关系。其中一个原因是，敏感者感受世界的方式不同，需求也不同。敏感的人与不太敏感的人走到一起，这种情况很常见。一般来说，这种关系是件好事：不太敏感的朋友可以带领敏感者开启一段新的旅程，还可以在对方感到不知所措时挺身而出。然而，当异性相吸时，就像布赖恩和萨拉那样，误解是不可避免的。

正如敏感者在身体层面会对一条僵硬的新牛仔裤反应强烈一样，他们的内心对批评性的评论也有很强烈的反应。敏感的人，即使是外向型敏感者，也比其他人需要更多的休息时间。不太敏感的爱人或朋友可能会把这种需求视为一种冒犯或错误的做法。一位敏感的女性告诉我们，她承受不了社交场合，而这种状态让她的婚姻关系变得紧张。她在大型聚会或嘈杂的饭店很快就会感到疲惫。在这种场合中待一会儿，她就会变得烦躁，与人疏远，想要回家，而她的丈夫却想留下来继续享受美好时光。在这种情况下，两个人的反应都没错，他们只是在以不同的方式体验这个世界。但是，如果这些误解不能消除，敏感的人就可能会感到孤单和被孤立。

压力也是一个因素。正如我们所看到的，敏感的大脑会深度处理信息，所以敏感的人往往比他们不太敏感的朋友或爱人更快

地感受到压力和焦虑。例如，布赖恩发现自己很难适应喧闹杂乱的家庭生活，而这是有小孩的家庭所不可避免的。还有些敏感的人表示，他们发现与室友或家人共享一个生活空间很有压力。正如我们在第四章中看到的，他们会很快达到过度刺激的状态，急需一个安静的庇护所。不过，当你被那些不理解你的人包围时，找到庇护所几乎是不可能的。

想要更多

然而，还有一个高于一切的原因，敏感者曾一遍又一遍地告诉我们这个原因：他们需要更深的情感关系才能感到满足。如果没有这种深度，他们总会觉得缺点儿什么。珍就是这样一个敏感的女人，她觉得自己很难遇到和她一样渴望真情实感，也同样敏感的人。她告诉我们："很多人觉得，深入谈论个人挣扎和现实问题太可怕、太不舒服。"但闲聊并不能解决问题。因此，她在选择朋友上越来越挑剔。遗憾的是，她从未真正拥有一个最好的朋友。

珍并非异类。事实上，对人们来说，寻找有意义的关系正变得越来越难。根据最近的"美国视角调查"[11]，与以前相比，美国人拥有的亲密朋友变少了，与朋友交谈的次数变少了，对来自朋友的支持的依赖也变少了。这种关系缺失对男性来说更加明显。美国人结婚的时间比以往更晚，搬家次数更多，这两种趋势与孤单和被孤立密切相关。不管你想指责谁——城市、社交媒体、小家庭、汽车文化，抑或是我们这个有太多纷扰的世界——大多数人的人际关系需求都没有得到充分满足。

在这个问题上，我们可以从敏感者身上得到借鉴。虽然关系缺失已经成为一个社会现象，但敏感者是想要拉近与我们的关系的。与一般人相比，他们想从与人交往中得到更多的东西——更深厚、更亲近、更密切的关系。事实证明，这种本能非常有益。亲密的关系有很多益处，比如有助于长寿[12]、康复[13]，让你在工作中更加快乐、更有效率[14]。哈佛大学医学院甚至指出，社会关系对健康的重要性堪比优质睡眠、健康饮食、从不吸烟。[15]还有一项研究得出结论：人际关系是我们生活中最有价值的东西。[16]当我们感到自己为他人所爱、所接受时，我们就不会那么看重物质财富了。我们之所以降低对物质的关注度，很可能是因为有意义的人际关系给了我们一种舒适、安全和有人保护的感觉。

然而，正如我们所见，许多人，尤其是敏感的人，发现自己缺少这种关系。那么，敏感的人应该怎么做呢？你能拥有你所渴望的那种关系吗？答案是否定的，也是肯定的。

结婚或建立其他任何长期关系的目的会随着时间的推移而改变，这已经不是什么秘密了。过去，婚姻并不是以爱情为基础的，而是考虑到经济保障——也许以嫁妆、田地的形式，或者仅仅是两个营生相同的家庭携起手来。历史学家认为，这种模式不仅适用于富裕阶层，在平民，甚至狩猎采集者中也存在。婚姻是集中资源、分工和家族联合的一种方式。在有些地方，这种方式如今依然存在。例如，在南苏丹共和国，结婚时要用牛做嫁妆。[17] 如果两人之间有爱情的火花，嫁妆可以少点儿，但婚礼照旧举行。爱情更像是额外奖励，而非必需品。我们渴望与灵魂伴侣相互爱慕是较近时代发生的事了。

但是，社会心理学家伊莱·芬克尔指出，在当今世界，即使是爱情也是不够的。[18] 芬克尔绘制了婚姻期望变化图。他说，许多夫妻现在期望婚姻关系能够有助于他们的成就感和个人成长。我们当然希望有来电的感觉，但我们也希望对方能帮助我们成为最好的自己，充分发挥我们的潜力。这种期望给婚姻带来了巨大的压力，这是可以理解的，但大多数婚姻在这方面做得根本不够。芬克尔指出，事实上，就满意度和离婚率而言，现在的婚姻平均而言比过去脆弱。不过，他在数据中发现了另外一点：当今最好的婚姻比过去强得多——事实上，这些天作之合是有史以来最牢靠的结合。显然，高度令人满意的关系是可以实现的，只不过需要很多努力。

芬克尔可能会第一个指出，这种关系并不适合每个人（这并不是什么问题）。这种关系需要持续的努力，而这种努力会给人带来极大的不适。它需要你在情感上挑战自己。芬克尔把这种关系比作电影《杯酒人生》中的一个场景。在这部影片中，保罗·吉亚玛提饰演的角色是一位葡萄酒鉴赏家，他在思考种植黑皮诺葡萄的难度时说道：

> 它是一种很难种植的葡萄，皮薄，很娇气，成熟得很早，很难生存。它不像赤霞珠，可以在任何地方生长，甚

至没人管也能繁盛。黑皮诺需要持久的关心和照料，只能在很特别的地方生长，全世界范围内仅有几个角落。只有最有耐心、最精心的种植者，那些愿意花时间的人，才能种好它。只有真正了解黑皮诺潜力的人，才能引导它步入鼎盛阶段。它的香味是最持久、最辉煌、最震撼、最微妙，也最古老的。[19]

换句话说，好的黑皮诺——或者说建立在深度满足感上的爱情——是一种罕见的美，但它的罕见是有原因的。它很难培养，而这正是芬克尔让我们看到希望的地方。他说，就像黑皮诺一样，需要时间、努力和某类人去培养深厚且有意义的关系。那么，是哪类人呢？芬克尔说，他们必须具备情感投入、同理心和自我反省等特征，而这些基本上都是敏感者的优势。换句话说，敏感的人不只是喜欢喝黑皮诺葡萄酒，他们还是独一无二适合种植这种葡萄的人。

真心话：你可以为情感关系带来哪些优势？

"我认为敏感让我成为更好的朋友和妻子。我能够从内心深处与和我合拍的人产生共鸣！我没有办法简单地道句'祝贺'——我会从别人的快乐中体味真正的幸福。反过来说，我能够与和我合拍的人同行，在他们经历困难或考验时，给他们鼓励和支持。我可以成为丈夫和朋友的安全港湾，这对我来说是一种特殊的体验。"——拉妮莎

"我的敏感天性使我不那么自私，所以当我做决定时，我会努力做

到符合每个人的最佳利益，而不仅仅符合我自己的利益。"——珍

"作为一个敏感的人，我的优势在于，别人痛苦时我会知道。他们可能嘴上说自己很好，但如果实际情况并非如此，我是能感觉到的。相信直觉对我的生活和我的情感关系有很大益处。"——维基

"很多朋友对我说，我是他们认识的最善良的人之一。我和我最好的朋友可以就任何事情进行深入的交谈，而且不会有任何评判，这也是她最喜欢的一点。"——菲利斯

如何让情感关系更有意义

那么，敏感者究竟如何利用他们的优势来创造他们渴望的黑皮诺般的关系呢？芬克尔认为，最好的伴侣关系是两个人对这段关系抱有很高的期望，然后为之投入足够的精力，确保满足这些期望。为此，两个人可以多花些时间在他们婚姻的优势上，也就是他们二人兼容的地方，而在二人不太兼容的地方减轻压力（或者说降低期望）。以上文那位敏感的女士为例，她参加聚会或在饭店吃饭时会感受到过度刺激。芬克尔可能会说，这位女士和她的丈夫只要接受他们在这一点上不同，就可以减轻压力。她的丈夫可以不用妻子作陪，找朋友一起玩，而不是让妻子勉为其难地参加这些活动，导致筋疲力尽。妻子只参加最重要的场合就好。这对夫妇可以多花些时间在他们二人都喜欢的事情上，比如旅行或看电影。

与这对夫妇不同的是，你的爱人可能是一个和你一样敏感，

甚至比你更敏感的人。两个敏感的人一起生活可能很美妙。你们二人可能都很认真、很有爱心，喜欢深入交谈并培养兴趣。你和你的爱人可能都强烈渴望亲近的关系和有意义的生活，你们二人可能都喜欢更慢的生活节奏和更简单的生活。然而，双方都很敏感并不能保证你们的关系会一帆风顺或特别有意义。在某些方面，这种组合可能特别棘手。例如，也许你们都会选择避免冲突，都容易在日常生活中受到过度刺激。也许你们敏感的地方不同，一个人可能会被杂乱的环境困扰，另一个人能对混乱泰然处之，却对噪声很敏感。在这种情况下，你和你的爱人需要尊重彼此的敏感点，寻找不会使你们负担过重或超出极限的妥协办法。

还有一些方法可以帮助敏感的人建立更牢靠的关系。我们还会讨论一些习惯，它们会限制你建立有意义的关系。无论对方是不是像你一样敏感，这些方法都会对你有所帮助。

让冲突平安落地

正如布赖恩所发现的，如果你是一个敏感的人，与爱人争吵可能会带来超强的过度刺激。研究人员发现，夫妻间产生的冲突和战斗带来的压力具有相同的生理效果，包括心跳加速、激动、无法正确感知摄入的信息，当然还有威胁模式。[20]梅根·格里菲斯在"敏感避难所"上撰文解释说："当我和丈夫意见相左时，我甚至不能专注于我们正在争论的话题。相反，我会被丈夫的感受和我自己的感受笼罩，这特别让人受不了。我要么将自己关起来，要么开始哭泣。"[21] 许多敏感的人对冲突的这种"战斗压力"的感受更为强烈，难怪很多人说他们倾向于避免冲突。或者，像布赖恩一样，他们在冲突后需要长时间的休息，以舒缓自己过度疲惫的神经系统。

然而，避免冲突毫无疑问会限制感情的深入发展，专门与敏感者打交道的婚姻治疗师阿普丽尔·斯诺这样说。[22] 当然，任何关系都提倡"好好相处"，但这种做法不应该一直维持不变。当有人越过某个重要的界限时，你应该大声说出来。而当别人引发冲突时，不一定需要你去安抚那个人或隐藏自己的反应以保持和平。虽然这些策略可能在短期内起作用，缓和分歧引发的紧张感，减少你可能感受到的过度刺激，但它们最终会导致更多的愤怒、怨恨或其他形式的情绪积聚。

斯诺表示，当我们选择避免冲突时，"对方永远无法了解真正完整的你"[23]。与你最亲近的人永远无法了解你的想法、什么样的事情困扰着你，或者你的真实感受。虽然这么说似乎有悖常理，但冲突实际上可以加固爱情。斯诺解释说，这是因为"你学会了如何解决问题，并可以尝试在困难时刻支持对方"[24]。

对敏感者来说，有一个立竿见影的方法可以减少冲突的火药味，那就是不要喊叫、摔门、翻白眼、侮辱、羞辱、恐吓，也不要用表达愤怒或失望的其他过激方式。如果陷入冲突中的你或你的爱人情绪十分强烈，双方可以休息一下，直到情绪不再那么强烈。一对十分相爱的敏感夫妇想了一个暗号，即"风暴警告"，他们中的任何一方都可以随时调用。如果任何一方说了这个暗号，他们两人就必须立即停止讨论，记下时间，休息 30 分钟。在休息期间，他们会做一些事情让自己平静下来，比如写日记、散步或者做一些有创造性的事。30 分钟后，他们会继续交谈，或在 24 小时内安排一次交谈的时间。这种做法可以让他们放心，问题不会被忽略，而且双方在回应之前还有时间好好思考。当他们再次坐在一起讨论问题时，他们可以采取更有成效的方式，而不会那么情绪化。

斯诺还建议敏感的人在面对冲突时保持警觉。她说，在激烈的争论中，你很容易陷入想象或被焦虑席卷。为了抵制这种倾向，你要调动感官，把注意力带回当下。有意识地做几次深呼吸，感受脚踏实地的感觉，找一个可以聚焦的物体，或者采取应对过度刺激的那套方法中的其他策略。尽量关注自己的体会，而不要被对方的情绪淹没。为此，你可以时不时地断开眼神交流，静静地注意自己的内心，即自己的身心感受。提醒自己，遇到冲突会感觉不适是合理的。与此同时，你的感受和需要与对方的感受和需要一样有效。

如果你面对的人有高冲突人格，是一个经常大喊大叫、扭曲事实或冤枉你的人，那怎么办？高冲突人格研究所的比尔·埃迪将高冲突者定义为那些行为模式会增加冲突而不是减少或解决冲突的人。[25] 这些人把他们自己制造的问题归咎于别人，思维极端，不能控制自己的情绪，会做出极端的反应。你无法控制一个高冲突者的行为，但你可以努力学会控制自己的反应（你可以想清楚允许他们行为的多大部分出现在自己的生活中）。如果你的朋友或爱人属于高冲突人格，我们建议你学习一些具体的应对策略。你可以通过埃迪的书或高冲突人格研究所的免费播客学习相关方法。

说出你想要什么

作为一名临床心理学家，丽莎·费尔斯通 30 年来一直在为夫妻提供咨询。[26] 她发现大多数人很容易指出他们在婚姻中不想要什么，也就是爱人的缺点，但他们很难说出自己想要什么。敏感的人也不例外，事实上，他们可能觉得指出来的难度更大。他们的沉默通常出于好心。敏感者通常很有心，他们不想给别人带来负担或不便。然而，这种倾向可能会使他们的需求无法得到满足，从而削弱情感关系的意义。费尔斯通还发现，说出你想要什么可以让情感关系更加亲密。她解释说："当你诚实、直接地从一个成年人的角度说出你的想法时，爱人更有可能以开放的态度回应。"[27]

敏感的人还可能落入这样的陷阱，他们期望别人读懂他们的心，提前想到他们的需求。原因很简单，这正是敏感者所擅长的。然而，如果你是一个敏感的人，那你不要不好意思直接说出自己想要什么，你也许需要更直接一些，尤其是和一个不太敏感的人在一起的时候。不要期望别人能像你读懂他们一样读懂你。要知道，你是与众不同的，你遇到的大多数人并不具备你所拥有的超能力。

如果你是一个敏感的人，你甚至可能有自卑感——你会因为自己的敏感而感到有所缺陷。你可能会怀疑自己是否可以提出要求。一定要记住，你的需求和欲望与其他人的一样重要。你永远不会在朋友累了的时候告诉她，她没有资格休息，或者在她需要帮助的时候告诉她，她没有资格向别人求助。我们总是这样教育孩子：你希望别人怎么对你，你就怎么对别人。敏感的人往往要反过来——你怎么对待别人，就怎么对待自己。

当你说出自己想要什么时，要避免使用指责性语言。费尔斯通解释说，你说出的话应该能真实表达你渴望什么，而不是要求别人给你们什么，或觉得自己有权得到什么。[28]同样，避免用"你"开头，因为这样会有指责的意味。下面的三个例子来自费尔斯通，让我们看看如何在一段关系中说出你想要的东西。

- 与其说"你看到我时似乎不再那么高兴了"，不如说"我想感受到你需要我"。
- 与其说"你总是心不在焉"，不如说"我想要你关心我"。
- 与其说"你从不帮忙"，不如说"如果我在某方面得到你的帮助，我会觉得轻松很多"。

愿意展现脆弱的一面

最近，研究人员对脆弱给予了大量关注，其中最引人注目的当数社会科学家布琳·布朗，她也是畅销书《无所畏惧》的作者。[29] 布朗发现，在人与人的交往中表现出合理的脆弱会增强信任、加深关系，还可以触发敏感者所渴望的更深入、更具个人意义的对话。正如作家、婚姻治疗师罗伯特·格洛夫所言，合理的脆弱是指打开心扉，展示你的"不足之处和人性瑕疵"[30]。敏感的人会自然而然地表现出他们的脆弱，但有时候他们认为自己不应该如此表现。由于"韧性迷思"的存在，我们的社会倾向于将脆弱视为一种弱点。

艺术家也知道，要想与人分享艺术，他们就必须脆弱，别无他法。你在展露自己内心和灵魂里的东西，而一旦展现出来，就会受人评判、解读和批评。然而，艺术品正是我们分享意义的方式。赛斯·高汀在他为大人绘制的图画书《脆弱——走出舒适区》中解释道：

> 脆弱是我们在分享自己所创造的艺术时唯一能感受到的方式。当我们与人分享艺术的时候，当我们建立关系的时候，我们转移了所有力量，在那个接受我们礼物的人面前没有任何遮挡。我们没有任何借口，没有手册可循，没有标准的操作程序来保护自己。而这正是我们天赋的一部分。[31]

脆弱并不是说过度分享生活的方方面面，或是口无遮拦、无比苛刻。脆弱也不是达到目的的手段。脆弱不应该被用来蛊惑、控制或操纵他人。下面这些方法可以帮你在人际关系中安全地展现更多的脆弱。

- 当你遇到困难、挫折或感到害怕时，大胆承认。
- 当你钦佩、尊重、喜欢或爱上某人时，大胆地说出来。
- 愿意与人分享你的过去，包括积极和消极的经历。
- 受到伤害时，要告诉对方。
- 表达真实的感受，即使是消极的感受，不要为了礼貌而掩饰它们（悲伤、沮丧、失望、尴尬等）。
- 说出自己的见解，即使觉得别人可能会不同意。
- 在需要时寻求帮助。
- 说出自己想要的东西。

警惕自恋者和其他"有毒"或控制欲强的人

如果你发现和自己交往的人是个自恋者（或者有其他虐待欲或控制欲很强的人），你可能无法确切说出自己在经历什么，但你总有一种挥之不去的感觉，觉得什么事情不太对劲儿。自恋者认为自己比其他人优越，不过，这种态度可能会以微妙的方式表现出来。例如，他们可能无视专家的建议或对饭店的服务过分挑剔。自恋者缺乏同理心，即使对朋友和家人也是如此。他们认为自己有权获得关注、成功和特殊待遇。《理智与敏感》一书的作者德博拉·沃德解释说："随便找一个高敏感者问一问，他都会告诉你，他在生命中的某个时刻曾与一个自恋者交往。大多数人当时并不知道，但他们越来越觉得自己被人利用，并想知道如何脱身。"[32] 即使你可能觉得与这个人感情很深，特别是在一开始的时候，但与自恋者相处注定缺乏真正的亲密感和意义。

　　起初，这个人可能很有魅力、风趣无比，对你很感兴趣，但随着时间的推移，你会感到疲惫，觉得被人控制和操纵，或困惑不已。接下来，你越是努力修复两人的关系，结果就越糟糕。敏感的人不会有意识地选择这类人当作伴侣或朋友，但由于同理心，他们特别容易陷入这种危险的关系。敏感的人能够敏锐感知他人的情绪。他们经常有意识（或无意识）地使他人感到舒适，而自恋者喜欢接受这种关注和关怀。当自恋者分享童年的创伤经历时，敏感的人想要帮助他们，包括帮助他们处理深藏的情绪，而自恋者有很多这类情绪。在自恋者眼里，和敏感的人在一起简直是天作之合。

　　健康的界限对任何关系都很重要，但当你与自恋者或其他有控制欲的人相处时，界限尤其重要。首先，你必须非常清楚你想要事情如何发展，或者你想要设定什么界限，专门从事帮助人们建立健康关系的心理治疗师莎伦·马丁这样解释道。[33] 自恋者尤其会利用心理操纵、谎言或其他控制性策略打破你的平衡，使你感到困惑。写下自己的界限，这样你就不会忘记自己需要坚守什么。然后，清楚、冷静、始终如一地告诉对方你的界限。坚持用事实说话，不要指责，不要过度解释或为自己辩护，即使在自恋者生气和情绪爆发时也是如此——要知道，这些都是对方试图诱使你陷入冲突的手段。

遗憾的是，很多时候，控制欲强的人不会尊重你的界限，这也是他们控制欲强的一个很大的原因。马丁说，这时你就需要考虑其他选择了。这个界限是否可以协商？有些界限比其他界限更重要，所以想清楚你能够接受什么样的行为，什么样的行为又是绝对无法容忍的。如果对方愿意做出改变，那么灵活妥协是件好事。但如果对方一再无视你最重要的界限，你就必须想清楚自己还愿意忍受多久。马丁指出："我见过一些人，他们长年忍受对方的不敬和虐待，希望这个'有毒'的人能够做出改变。但事后来看，他们发现对方根本无意改变行为或尊重他们的界限。"[34] 在这一点上，你要么接受对方一直以来的行为，要么脱离这种关系。

强迫他人改变永远不会奏效，但一种称为"爱的疏离"的做法会有所帮助。[35] 当你们暂且分开时，你会有意识地下定决心，不去改变对方或控制结果。疏离并不意味着你不关心对方，而是说你选择面对现实，同情自己。马丁说，你可以通过下面这些方式练习"爱的疏离"。

- 让对方自己做出选择，并为行为后果负责。
- 以不同的方式回应，比如对无礼的评论不屑一顾或开句玩笑（而不是往心里去），从而改变对峙的状态。
- 不要陷入老掉牙的争论，不再参与无益的谈话。
- 拒绝对方的邀请。
- 如果自己感觉不舒服或有危险，选择离开。

如果你认为自己可能在和自恋者交往，即使这种可能性很小，你也应该找几个值得信赖的人聊一聊，比如朋友、治疗师或互助小组的成员。马丁说："自恋者和'有毒'的人知道如何让我们怀疑自己和自己的直觉，他们擅长此道。因此，很多人花很多时间来猜测这个人是否真的'有毒'，是不是自己反应过度，才导致了对方糟糕的表现。"[36] 虽然敏感的人有读心的本事，而且有很强的直觉，但他们可能因为长期影响而习惯于不相信自己的直觉印象，因为"韧性迷思"说情绪是弱者的表现。自恋者尤其喜欢扰乱你的大脑，扰乱你原本可靠的直觉。这就是为什么建立一个可以帮你看清事情真相的互助小组至关重要。

当你碰到自恋者和其他控制欲强的人时，你总是有选择的余地（尽管他们可能让你觉得自己没有选择）。有时，保护自己的唯一方法就是停止与他们相处。当你选择少与他们接触（或完全断绝关系）时，这并不是要惩罚他们，而是一种自我同情。如果有人在伤害你，无论是身体上还是情感上，你都应该让自己和这个人保持一定的距离。

圆满的结局

布赖恩不记得事情从什么时候开始有了转机。他与萨拉的婚姻越来越牢固。他在接受治疗，并且偶然发现了一条信息，从而改变了他的生活。他了解到自己是一个高度敏感的人。

用布赖恩的话说，因为他属于极度敏感的人，所以他比萨拉需要更多的休息时间，而且当他们意见不一致时，他会对她的话耿耿于怀。[37] 他意识到自己的主要问题是追求完美，这是敏感者共有的一个问题。当萨拉暗示他做错了什么时，这会让他很受伤，因为他想成为一个完美的配偶。现在，他和萨拉正在学习以不同的方式处理冲突——碰到问题，折中处理。布赖恩说："我不需要改变自己，但我确实需要和她各退一步。"[38]

布赖恩的敏感可能给他的婚姻造成了一些挑战，但他认为正是自己的敏感拯救了这段关系。作为一个敏感的人，他能够深入反思婚姻生活，思考如何改变自己和妻子的状态。在这种压力下，一个不太敏感的人可能会在找到方法之前放弃，或者缺乏自我意识，无法促进真正的成长。但是，布赖恩反思了自己的长处和短处，并学会发挥自己的长处，比如他能够给予萨拉情感上的陪伴，读懂她的暗示，向她表明自己真的很在乎她。现在，他们已经结婚 8 年了，布赖恩说他们的爱情甚至比初识时更加稳固。

他还给生活中有敏感者相伴的人提出了建议："敏感不是性格缺陷，不是我们想为难你。我妻子有一段时间就觉得我在为难她。其实，敏感是一种人格特质。我希望那些不是特别敏感的人花时间学习、了解一下，与敏感者共处可能会遇到挑战，但最终是大有裨益的。"[39]

布赖恩的建议不仅适用于大人，也适用于小孩。与敏感的大人一样，敏感的孩童也有他们自己的挑战和回报，我们将在下一章探讨。

第七章
将孩子的高敏感转化为优势

小时候，你透过干净的窗户张望外面的生活。当然，窗户很小，但非常明亮。后来呢？你知道的，大人们给你装上了百叶窗。

——苏斯博士

宝宝刚出生几个小时甚至几分钟，一切就开始了。当医生用灯照苏菲的眼睛时，她大哭起来。当你大声打喷嚏时，她又大哭起来，好似身上哪个地方疼一样。后来，亲戚们轮流抱她，每个人都欣赏着怀里这个漂亮的小人儿，她却似乎过于紧张，无法入睡。当然，每个新生儿都有哭闹和不肯睡觉的时候，但苏菲似乎和其他同龄的孩子不一样。医生安慰你说，她的身体没有任何问题，性格就是如此。其他大人则使用了不同的词，比如"爱哭""事儿多"，甚至"难养"。

随着苏菲一天天长大，她在许多方面都和其他孩子没有什么分别，但也有自己突出的地方。她富有创造力，聪明伶俐，你有时会想她是不是天赋异禀。在蹒跚学步时，一个很难的词，她只要听别人说过一两次就能重复；她的洞察力也很惊人，似乎能够理解超出她年龄的概念。如果你在她玩的时候观察她，你就会感觉到她有丰富的想象力。另外，她的观察力很强。有一天，她看到远处有一架飞机，而那只不过是清晨天空中的一个小点。如果老师戴了新耳环，她总能发现。

然而，生活中到处都有过度刺激。在苏菲承受不住时，她的洞察力也悄然消失了。结束忙碌的一天之后，甚至连参加生日聚会或去拥挤的室内游乐场等有趣的活动，都会让她不堪重负。这时，苏菲很容易情绪失控。几乎所有小孩都有过这样的情况，但是在苏菲身上发生得更加频繁和激烈。有时，一点儿小事就能让她爆发，比如鞋里有块小石子，或者通心粉不是她想要的形状。还有些时候，触发因素几乎不存在。在目睹一个孩子被欺负后，她会哭着回家，尽管这件事和她一点儿关系都没有。等她长大一些，知道肉排来自哪里以后，她再也没吃过汉堡包。

除了崩溃，随之而来的还有情绪的大起大落。苏菲高兴时会手舞足蹈，伤心时会在你的怀里号啕大哭。虽然情绪有时会压倒她，但她对自己的精神状态和他人的情绪一清二楚。因此，当你对她有所隐瞒或度过了糟糕的一天时，她似乎都感觉得到，而她的哥哥姐姐却毫无察觉。苏菲很体贴，所以很容易交到朋友。不过，如果有很多小孩在一起，她就会很胆小。如果要当众表演，比如演讲或参加体育比赛，她就会十分紧张。不过，一般来说，她很认真，也很善良。苏菲能读懂字里行间的意思，能感觉到老师想要什么，所以她很容易取悦老师并获得好成绩。事实上，你甚至担心她是不是太好、太诚实了。有时，她因为过分追求完美而逼哭自己，这个场面是我们再熟悉不过的了。

你还要学会接受苏菲的其他怪癖。十几岁的时候，她就已经忍受不了某些东西的质地和味道了。有些食物她是不吃的。某些气味也会困扰她，比如健身房更衣室的汗臭味，所以她绝对不会去那种地方。每当生活中突发变故，比如宠物死了或朋友搬家时，苏菲就会悲痛欲绝，很长时间都无法摆脱心痛的感觉。即使是好的变化也会使她焦虑，因为她要适应新的情况，学习新的规矩。有时，她会花几个小时做心理建设。

多年来，你一直试图帮助苏菲扩大自己的舒适区，同时也为她的强烈情绪留出空间。但是，养大这样的孩子远非易事。有时，你觉得自己好像不知道她需要什么，也不知道如何帮她。也许其他家长告诉过你，这种挫折感对敏感孩子的家长来说特别常见。

你家孩子敏感吗？

这里所说的苏菲并非真实的存在，但她是很多敏感儿童的化身。不是每个敏感的孩子都会像苏菲一样。正如成年人的敏感会有不同表现，儿童敏感的表现也不同。下面是敏感儿童的一些共同特征，并不是说要满足所有选项才是敏感儿童，但是勾选的越多，他们就越敏感。

我家孩子

☐ 学东西很快

☐ 会表达强烈的情感

☐ 善于读懂别人

☐ 难以应对变化

☐ 不喜欢大的惊喜或自己的常规生活被打扰

☐ 对人或事有强烈的直觉

☐ 对温和的纠正反应正常，对严厉的管束反应过度

☐ 被吼叫或责骂时会哭闹或退缩

☐ 经历有趣或刺激的一天后很难入睡

☐ 突然听到什么声音或被人触碰时会吓一跳

☐ 对某种东西感觉不舒服时会抱怨（比如粗糙的床单、扎人的衣服标签、过紧的腰带等）

☐ 因为气味或口感而不吃某些食物

☐ 聪明，有幽默感

☐ 喜欢问很多问题

☐ 做出有见地的评论，看起来比同龄人更聪慧

☐ 谁都想救，不管是流浪狗还是班上受欺负的孩子

☐ 必须把事情做到完美

☐ 对成绩和家庭作业设置的最后提交期限感到紧张

☐ 想取悦一起生活的大人

☐ 曾被同龄人欺负（敏感的男孩尤其如此）

☐ 因为强烈的气味而不去某些地方（比如公共健身房或香水

柜台）

☐ 不喜欢嘈杂的地方

☐ 在别人不高兴或受伤时会有所察觉

☐ 说话或行动前会三思

☐ 忧虑重重

☐ 避免冒险，除非提前做了精心准备

☐ 对身体疼痛有强烈的感觉

☐ 能够注意到变化，比如老师穿了新衣服或家具被移动了

如果看完这些选项，你还不确定自己的孩子是否敏感，那么再看看其他家长如何描述他们敏感的孩子吧。你觉得他们的孩子和你的孩子有什么相似之处？

真心话：敏感的孩子有哪些最大的优势和挑战？

珍妮的儿子今年 7 岁，她说："我儿子对自己的情绪和其他人的情绪十分敏感。他喜欢了解事物的工作原理。他喜欢小动物，也喜欢大自然，牢记我们为何要关爱地球。我儿子不喜欢独处（这对他来说似乎是一种惩罚）。他总是需要有人陪着他，有时这对全家来说很难办到。他不太合群，也不喜欢冒险或尝试新鲜事物（比如一项新运动或骑自行车），除非他已经反复观察过。由于这些倾向，他在和朋友一起参加活动时偶尔会有被排挤的感觉。"

萨拉·M 的女儿今年 9 岁，她说："对我敏感的女儿来说，学校生活常常让她压力很大，招架不住。她可能对自己非常苛刻，对周围人的

细微暗示反应强烈。她很容易被严厉的言语或语气刺激，即使针对的并不是她（比如老师对其他学生训话时）。在外面的时候，她把所有强烈的情绪都憋在心里，回家后才放心地释放。情绪糟糕的时候，她会闭门不出，质疑自己存在的意义。但她有一颗博爱的心。她在选择和什么样的人相处时很挑剔，但一旦建立关系，爱就会汩汩流出。她喜欢深思熟虑，会提出一些富有洞察力的惊人见解。"

萨拉·B.H.的女儿今年5岁，她说："我敏感的女儿能注意到每一个细节，她超级喜欢学习。她会同情别人，并施以援手。她有着金子般的心。她的心智不是她这个年龄的孩子应该有的，而且她非常体贴人。然而，就像超人害怕氪石一样，我的女儿知道她的身心需要额外的休息。学习调节情绪（尤其是她的不知所措表现为愤怒时）对她来说一直是个挑战。虽然她有很多使自己平静下来的方法，但过度刺激有时来得太快，以至于她无法平静下来。通常情况下，过度刺激源自没能按时完成自己的日程表，无法做一些她想做的事，还有最常见的时间限制。"

莫琳有两个敏感的儿子，一个6岁，一个9岁。她说："我的两个敏感的儿子所面临的最大挑战之一就是管理强烈的情绪，特别是愤怒。我和丈夫一直向他们强调，情绪强烈不是什么问题。但随着他们不断长大，我们正努力教给他们一些应对之法。此外，他们并不总能和其他男孩玩到一起，因为他们的兴趣不在于运动。我们十分费心地帮助他们与志同道合的孩子交朋友，让他们有更多一对一玩耍或聚会的机会。随着年龄的增长，他们已经建立了一些牢固的友谊，但这离不开我们大量的鼓励和帮助。"

奥利维亚的儿子今年16岁，她说："他小时候就十分体贴。我们一位邻居的丈夫去世时，他给她写了一封长信，那时他才 8 岁。有一次，他还给牙仙子留了钱，感谢她收集自己掉落的牙齿。青春期，尤其是高中生活，减少了他的脆弱感。他有一定的焦虑感。我还注意到他有很多回避刺激的方法。他还有一年就毕业了，我希望随着他不断成熟，他能够体验更多的舒适感。"

薇姬的女儿今年 18 岁，她说："女儿小时候经常感到心烦意乱、不知所措，她觉得自己无法面对世界，无法解决问题。随着她不断长大，她现在能够更好地管理自己的敏感，实际上还会因为自己敏感而高兴。现在，我们笑着面对挑战，而不是愁眉苦脸。我为她感到无比骄傲。"

关于敏感儿童的常见误解

正如我们所看到的，敏感的成年人并不总是展露自己的敏感，小孩也是如此。一个常见的误解是，所有敏感的孩子都胆小。虽然有些敏感的孩子确实很害羞，但这个标签并不适用于所有孩子。（说实话，身为本书作者的我们说什么也不喜欢害羞这个标签。形容敏感的孩子有更好的方法，我们可以说他们喜欢三思而后行或需要时间热身。）15 岁的阿利娅是一个敏感的女孩。她善于社交，性格外向。她的妈妈说，她在很小的时候就爱上了表演，曾参演大型音乐剧。最近，她要表演一个场景：在全班同学面前表演悲伤的情绪。在这方面，她的敏感可以说是一笔财富。她挖掘自己内心深处的情感，落泪的时间恰到好处，给老师留下了深刻印象。阿利娅曾经因为自己太容易哭而感到尴尬，但现在不会了。

另外一个误解是，敏感的孩子是被动、顺从甚至软弱的。虽然许多敏感的孩子很温柔、很平静，但也有一些敏感的孩子具有强烈的个性。玛丽亚就是一个意志坚定、雄心勃勃的敏感孩子。刚出生那会儿，她一次可以哭一个多小时，而且大人只能用特定的方式来安抚她，比如用安抚奶嘴，她几乎离不开它。刚学会走路那会儿，她发起脾气会一发不可收。她的妈妈告诉我们："可以说，待着什么也不做都会触发某些人的敏感。"现在，玛丽亚6岁了，她还是对环境有强烈的反应，但父母也说她具有 A 型人格，天赋异禀，是天生的领导者。她做事井井有条，毫厘不差，会按照一定的方式摆放玩具，比如按照颜色、高度或大小。在很小的时候，她就自己跟着电视字幕学习认字。

最后一个误解是，男孩不可能敏感，或者说敏感的男孩没有阳刚之气。正如我们所看到的，敏感在男性和女性身上同样常见，而且在许多传统上以男性为主导的活动，比如运动和兵役中，敏感实际上是一种优势。然而，从小时候起，男孩就因为"韧性迷思"而备感压力，从而掩饰自己的敏感。事实上，研究人员伊莱恩·阿伦发现，男孩十二三岁时，在敏感性自我测试中得分较低。这种差异的原因显而易见，她写道："在我们的文化中，男性很难表现得高度敏感，所以大多数敏感的男孩和成年男子都试图隐藏自己的敏感。一般来说，他们甚至不知道自己想要摆脱什么。但是，他们最不愿意做的就是回答一连串的问题，而这些问题似乎会揭露他们担心自己不够阳刚这一事实。"[1] 我们不应该让敏感的男孩变得坚强，或改变他们，让他们像其他孩子一样。我们需要给他们更多的爱、更多的关切，欣然接受他们本来的面目。

敏感儿童的秘密优势

然而，有一个特点贯穿所有敏感的孩子。事实上，这个特点阐明了敏感的定义。对敏感的孩子来说，环境真的很重要。正如我们所看到的，敏感者在"有毒"的环境或其他负面环境中会比其他人遭受更多的痛苦。[2] 他们承受的压力、疼痛、疾病、焦虑、抑郁、恐慌和其他问题的水平更高。另外，他们在有人支持的环境和其他正面环境中得到的好处也比其他人多，也就是我们之前说的"敏感增强效应"。在合适的环境中，敏感的人会比不敏感的人表现出更多的创造力、同理心、自我意识和开放性。他们身心健康，更加快乐，拥有更牢固的关系。他们的天赋，比如他们倾听、关爱、治愈，以及创造艺术和美的能力，会大放异彩。增强效应在敏感儿童中尤为强大，许多研究都证明了这一点。

这里仅举一个例子，让我们看看在卡雅利沙完成的一项研究。[3] 卡雅利沙是南非最贫穷的地方之一，这里的大多数人生活在用木头、纸板和铁皮拼凑的棚屋里。很多人必须走相当于几个街区的路程才能喝到饮用水。这里有近50%的人没有工作，对许多家庭来说，食物短缺十分常见。在这样的环境中，任何孩子都很难茁壮成长，不管敏感与否，但一个国际研究团队想知道孩子的性格是否会影响他们对干预措施的反应。为了找出答案，研究人员与当地一个非营利组织合作，该组织正帮助孕妇为即将出生的婴儿提供一个情感健康的环境。该组织训练有素的社区卫生人员在这些孕妇的孕晚期和婴儿出生后的头 6 个月为她们提供服务。在这段时间里，卫生人员来到这些妇女的家中，教她们如何读懂婴儿的暗示，如何回应婴儿的需求，而这些技能对任何新手父母来说可能都很难掌握。随着母亲对婴儿的回应越来越多，卫生人员希望她们能够帮助孩子建立"安全型依恋"。在像卡雅利沙这样不稳定的环境中，孩子的安全型依恋或者说安全感极难形成，但也特别宝贵，因为它可以帮助孩子在学校取得更好的成绩，避免暴力行为，在渡过难关的同时留下较少的创伤，并在成年后建立更健康的关系。通过关注安全型依恋，该非营利组织希望利用其有限的资源，为当地儿童提供能够受益一生的帮助。

至少，他们是这样希望的。事实上，接受干预的母亲的孩子在 18 个月大时更有可能形成安全型依恋。随访调查显示，其中许多人——但并非每个人——在 13 岁时仍然有受益的表现。研究人员因此展开研究。在随访调查过程中，研究人员收集了孩子们的 DNA 样本，看看他们有多少人拥有短等位基因。我们在第二章中讲过这种可能与敏感有关的基因变体。当基因被纳入研究范围后，研究人员发现了一个惊人的模式：拥有短等位基因的儿童从上述项目中受益的可能性高 2.5 倍以上，而且更有可能建立持久的安全型依恋。另外，拥有长等位基因、不太敏感的儿童几乎没有从非营利组织的项目中获益，就像什么都没有发生过一样。

其他研究也得出了类似的结论。

- 敏感研究人员迈克尔·普吕斯发现，左杏仁核（一个与处理情绪有关的大脑区域）较大的男孩对他们幼年的环境更加敏感，能够从环境中获得更多的益处或害处。具体来说，如果在低质量的环境中长大，这些男孩就比不太敏感的男孩有更多的行为问题。但是，当这些敏感的男孩在高质量的环境中长大时，他们的行为问题是所有男孩中最少的，老师认为他们表现出了最高水平的亲社会行为。[4]

- 马里兰大学的一项研究发现，那些"难养"（经常哭闹，难以安抚）的新生儿对父母的照顾更加敏感。如果父母对他们的回应比较多，比如关注他们的需求，在他们哭的时候加以安抚，那么他们在学步期更有可能成长为合群友善的幼儿。相反，如果父母不怎么回应这些敏感的婴儿，他们在学步期则更有可能变得孤僻。[5]

- 《兰花与蒲公英》一书的作者、儿科医生 W. 托马斯·博伊斯发现，与其他孩子相比，生活在逆境中的敏感儿童会受更多的伤，也容易生病，但在压力较小的环境中，他们受到的伤害和患上的疾病比不太敏感的儿童少。[6]

如果你的子女或孙辈是敏感儿童，或者你正在照顾敏感的小孩，那么这些观察结果都会带给你希望。你对孩子未来会成为什么样子有很大的影响力，比起不太敏感的孩子，你更能塑造敏感的孩子。你给予敏感孩子的爱心、耐心和学习机会将帮助他们走得更远。没错，抚养这样的孩子有时可能会让你觉得很难；没错，你的孩子会比其他孩子更需要陪伴。但是，你已经被赐予了一个能做大事的孩子。比起他们生命中的其他人，你更有能力激活敏感增强效应，将他们推到一个意想不到的高度。接受他们，认可他们，因为他们不会只成为普通孩子。与同龄人相比，他们有能力获得更好的成绩，培养更完善的情感和社会技能，塑造更强的道德观念，为世界做出重大贡献。坚持做下去，随着时间的推移，你会看到你的孩子成功驾驭敏感的天赋。他们将逐渐适应自己的想法和情绪，避免出现超负荷的情况，并将他们的天赋转化为成功。你可以用下面这些方法帮助他们走向成功。

接受敏感儿童的真实面

大人往往会在无意中让孩子觉得他们好像做错了什么。涉及敏感儿童时，他们可能会把孩子的强烈情绪或不知所措的倾向视为坏事。即使是那些本身就很敏感的家长，因为小时候接收的关于敏感的负面信息，也可能下意识地对敏感抱持偏见。（想想布鲁斯·斯普林斯汀的父亲，他希望布鲁斯更坚强一些，而事实证明他自己也是"心肠软"的。）与其把孩子的敏感视为弱点，不如有意识地将其看作优势。当你做好榜样，接受孩子的敏感，对其倾注爱心时，他们也会更容易接受并欣赏自己敏感的内心。

有一种方法可以更好地理解，从而接受孩子的敏感，那就是对他们的世界充满好奇。在一天中的不同时间、不同场合留心观察他们。找一段时间和他们一对一聊天玩耍，没有其他兄弟姐妹的打扰。问一些开放式的问题，比如"今天遇到什么困难了吗"，这句话可以营造更多的谈话空间，比"今天很糟糕吗"好得多。保持开放的心态，尝试了解敏感的孩子通过身体和感官经历了什么。他们的答案可能会让你大吃一惊。

有时，这种接受和支持意味着为孩子争取增援。这种支持可以很简单，比如与亲戚或其他家长分享有关敏感的书或文章，或者用你自己的话解释这种特质。学校是一个特别重要的地方，可以为孩子争取支持。学年伊始与孩子的老师见面时，你可以在任何潜在的误解可能出现之前，先和对方聊一聊敏感这个话题。

你的孩子会注意到你在为他们说话，也许在未来的某一天，他们会让你看到这样做是有回报的。不过，你不一定非要等到那一天。现在就告诉他们，你为他们感到骄傲，并告诉他们你因为他们最近做的某件具体的事而自豪，比如他们运用了自己的想象力、与人相处的诀窍、情感或其他敏感的天赋。这些温和美好的话语对一颗敏感的心极为重要。这种平和的方式在其他情况下也会派上用场，比如在你需要纠正他们的行为时。

温和的管束是最好的方法

接受孩子的敏感并不是说不去管束他们，不去帮助他们成长。我们都希望孩子茁壮成长，而成长肯定包括引导他们向健康的方向发展。管束是他们学习过程中的一部分，但对敏感的孩子来说，方法更加重要。因为敏感的孩子对事物的感受比其他孩子更敏锐，他们的感情更容易受到伤害，而且他们很难不把别人的纠正放在心上。

被斥责回自己的房间，被沮丧的父母吼叫，被老师严厉批评，我们大多数人小时候都经历过这样的事。我们甚至可能认为这在成长过程中再普通不过了，成年后甚至会微笑着回忆。但对许多敏感的孩子来说，遇到惩罚，即使看起来很轻，也会让他觉得身心无力。自己犯错的记忆可能会伴随他很多年，甚至到长大成人都挥之不去。这种记忆可能伴随着羞耻和对惩罚的恐惧，并因担心自己不够好而加剧。

在某些情况下，这些惩罚只会使敏感孩子已经很强烈的情绪继续升级，更难平静。莫琳·加斯帕里是博客"高敏感儿童"的创始人和作者。她发现，当她让敏感的儿子们面壁思过或回他们自己的房间时，结果会导致双方更多的争吵。她说："他们自己很难平静下来，而且会变得异常激动。当我解除他们的限制时，他们需要很多帮助才能平静下来，以至于他们面壁思过的最初原因都被掩盖了。"[7]

作为敏感儿童的父母或照顾者，你可能已经意识到，"正常"水平的管束对你的孩子来说是过度的，他们会不遗余力地讨好你，很少会故意引发不快。与其他孩子相比，敏感儿童更有可能责怪自己导致了糟糕的局面。教育心理学专家莫妮卡·巴里瓦-马特丘克回顾了有关教育和育儿环境中敏感度的研究。[8]她发现，敏感的孩子更能认识到来自他人的批评，并且很可能会严厉自责。他们可能会避免出现被人否定的情况（比如考试成绩很差），避免感觉做错了事（比如违反规定）。这些都属于值得称赞的本能，但如果它们伴随着羞耻感，这种倾向则会导致其他不太理想的结果。敏感的孩子在尝试新事物时可能很容易受挫，或者干脆不去尝试。

此外，敏感的孩子在童年时期更有可能经历自尊心低落，巴里瓦-马特丘克说。这种自卑感会回到他们对批评的高度接受和自我批评的倾向上，这两个因素会影响自尊心。孩子甚至可能会预料自己的行为将引发负面反应，从而变得过于追求完美主义，过度焦虑，以此不去做任何会被人认为是错误的事情。

你可能已经意识到了，敏感的孩子内心有很强的道德感。在他们接受惩罚或接收反馈之前，如果他们知道自己做错了，那么他们很有可能已经在内心惩罚过自己了。作家阿曼达·范穆利根有一个敏感的儿子，她有一句话说得很好："敏感的孩子倾向于充当自己的管束者。他们的羞耻感往往十分强烈，会在心里为自己所犯的错深深自责。即使大人没有批评他们，他们也会觉得羞愧难当。"[9] 敏感的孩子很容易受到严厉口吻的影响，他们可能连听到别的孩子被管束都会感到羞耻，比如老师在教室里责骂其他学生。

如果对方提高嗓门，或做出任何敏感儿童认为是惩罚的举动，他们可能会突然大哭、自我封闭，或表现出过于强烈的焦虑。这就是为什么巴里瓦-马特丘克建议父母和老师不要让孩子感到羞耻。[10] 相反，温和的纠正对敏感的孩子来说效果最好。这样他们就会确信，自己被人爱着，自己的敏感天性不会因为任何错误而受到责备。他们面对温和的纠正，心态会比较平和，而不是情绪高涨、激动万分。此外，温和的管束传达的信息是，错误是生活的一部分，是一个可以成长的机会，而不是要不惜一切代价去避免的事情。

如何做到温和管束

温和的管束需要注意说话的内容和方式。提高嗓门很容易使敏感的孩子不堪重负。高声说话非但不能达到预期效果，反而会使孩子的身体进入威胁模式，从而屏蔽你所说的话。相反，最好使用正常的声音和平静的语气。敏感的孩子会记住你的话，讽刺、取笑或辱骂等严厉的话语会根植于他们的内心。除了语气，敏感的孩子还会注意到你的肢体语言、你的犀利眼神，以及其他否定或失望的暗示。虽然你在生气或沮丧时可能很难控制自己，但在清晰沟通的同时，要尽量保持语气平和。

触摸也是温和管束的有力工具。轻轻拍打敏感儿童的手臂或肩膀，有助于引起他们的注意，而无须提高嗓音。当然，有些敏感的孩子不喜欢身体触碰，所以这个方法因人而异。

下面是一些温和管束的技巧。

- 在没有旁人的安静地方纠正敏感的孩子。如果有其他孩子或大人在场，敏感的孩子会感到尴尬，这只会雪上加霜。如果你和孩子在别人家或在办事的路上，那就等回家后再和孩子讨论这个问题。

- 不要说让孩子产生羞耻心的话，例如"你怎么能那么做！""你太敏感了！""别哭了！"

- 与其让他们面壁思过，不如营造一个平静的空间，也就是他们的敏感庇护所，让他们在需要调节情绪时去那里。此外，可以配置毛茸茸的动物玩具、厚毯子、其他种类的玩具或任何能起安慰作用的物品。

- 管束之后，拥抱并安抚他们，同时指出他们的优点。敏感的孩子会深入思考他们的经历，如果没有这些肯定，他们可能会得出结论，认为你管束他们之后就不再爱他们了。

- 要注意自己的压力水平。如果你自己已经焦头烂额或承受不了了，那么温和地管束孩子就是难上加难的事。关注自己的情绪，给自己喘息的时间。

提前设定期望值

你可以通过了解敏感孩子的共同特征来减少管束。例如，由于敏感者往往需要时间来想通问题，你会发现提前设定期望值有助于避免日后发生争吵。比如，我们可以简单地说："今天我们要去疗养院看望乔安阿姨。我们需要小声说话，不要弄出噪声，因为那里有些人身体不好。"提前说出自己的期望，相当于给孩子一个选择，让他们知道如果达到期望会如何，如果不这样做又会有什么后果。

对敏感的孩子来说，过渡可能很难，他们往往会沉浸在正在做的事情，特别是他们喜欢的活动中。当活动接近尾声，比如要离开游乐场时，那么，在离开前 10 分钟、5 分钟和 1 分钟给他们提示。这种预警对所有孩子都管用，但对敏感孩子的帮助更大，因为如果他们有时间处理好自己的想法并为新事物做好心理准备，他们就会有最佳的表现。

最后，观察孩子是否有受到过度刺激的迹象，也有助于减少管束。孩子受到过度刺激的迹象包括看起来很累，有些暴躁，心烦意乱；不怎么听你的要求；哭泣；黏人或表现笨拙；发脾气。给敏感的孩子足够的休息时间，即使这意味着拒绝其他邀请或活动。

要知道，你不可能总是完美地做到温和管束，这没关系。有时你会失去冷静，或说出一些让自己后悔的话。虽然敏感的孩子比其他孩子更容易受到父母言行的影响，但这并不是说他们需要完美无瑕的养育才能茁壮成长。加斯帕里在职业生涯中一直致力于帮助敏感的孩子，她说她在面对自己敏感的儿子时也会犯错。她也无法始终如一、完美地实施她给其他父母的那些建议。"我做得并不完美。"她说，"相信我，如果你在管束敏感的孩子时有所挣扎，没关系的。"[11] 当你犯错时，把它当成学习的机会，让孩子知道，即使是大人有时也会犯错。

其他家长或亲戚一开始可能不理解这种温和的管束方式。他们可能会说你过于轻柔或"这么轻易就放过他们"。要知道，敏感的孩子并不是坏孩子，也没有做错事，他们只是不堪重负。对那些孩子不服管束的父母来说，温和的方法可能显得太轻，但请相信，你是最了解你孩子的人。研究表明，温和的纠正是帮助敏感儿童成长为栋梁之材的理想选择。世人可能不理解他们的敏感天性，但理解他们的父母和老师将是孩子最大的支持者，并将为他们今后的成功奠定基础。

何时突破舒适区

温和的管束并不是说从不逼迫孩子，或者不让他们挑战自己。事实上，带着同理心谨慎地帮助敏感的孩子扩大他们的舒适区，是你能给他们的最好礼物。关键在于要从教他们设定健康的界限开始。有了这样的界限，敏感的孩子就能以一种觉得安全的方式推动自己。你要特别帮助他们看到自己的极限以及何时需要休息。例如，你可以带孩子参加一场生日聚会，但当他给了你预先说好的信号，说明他觉得刺激过度时，你就应该立即带他离开。

对许多孩子来说，恐惧是面对新环境时的典型反应，但这种恐惧对敏感的孩子来说可能会被放大，因为他们往往格外谨慎，十分厌恶风险。教他们如何管理内心的恐惧是帮他们突破舒适区的重要一步。同时，你也不应该让自己的恐惧成为障碍。在活动当中，你的孩子可能会感到饥饿、劳累，甚至会发脾气，但不要让你对这种可能性的担心阻止你和他们一起尝试新鲜事物。如果他们年龄足够大了，可以教他们自己解决一些问题（比如自己打包点心），帮助他们培养韧性。

此外，你要一步步来。如果你想让孩子学习打篮球，你们可以先看一部关于篮球的电影，或者一起去看一场篮球比赛。然后，设定他们容易实现的目标，帮助他们建立信心。不要指望孩子在一天之内就掌握运球技能。相反，要从小事做起，比如让他们练习只用指尖而不是手掌来推动篮球。此外，不要太死板，如果你发现某个方法不起作用，要愿意改变计划。尽量让孩子在参与新活动时保持愉快，不要急着完成你设定的计划。如果你逼得太紧，孩子最终可能会不想再做。最重要的是，每次成功都要庆祝，这也是帮助孩子建立信心的一种方式，让他们相信自己能学会这项技能。给他们一个拥抱，表扬他们，把他们的成绩分享给别人，让他们决定晚餐吃什么，或者做其他任何能表明你为他们感到骄傲的事情。

下面列举了更多的方法，可以帮助你慢慢扩大孩子的舒适区。

- 如果可以，和孩子一起前往新环境，比如在他进行篮球训练时坐在看台上，或者在停车场的车里等待。不要在很近的地方徘徊，但也不要离得太远。
- 和孩子说一说新环境什么样。不要假设孩子知道篮球训练（或婚礼现场、博物馆参观、课后活动小组）具体是怎么回事。如果碰到重要的交谈和活动，你甚至可以进行"彩排"，比如开学之前，在校园里走一走或与孩子的老师聊一聊。
- 和孩子聊聊他们内心的恐惧，但不要用评判的口吻。"为什么害怕看医生呢？"不要否定他们的感受，即使他们的恐惧在你看来没有任何道理。

- 认可孩子的感受。"听起来确实很可怕！""我抽血时也很害怕。"但不要安慰过度，因为这样做可能会在他们的心里强化这件事的危险性或可怕程度。赶紧一起制订一个计划，帮助孩子在再次遇到这种情况时变得更勇敢。

- 问问孩子怎样做可以让他们尽量控制恐惧。"看医生时，我们怎么做可以让你感觉好一点儿？"

- 对于会给孩子带来过度刺激的活动（比如生日聚会），可以设定时间限制。如果孩子感到累了，允许他们到此为止。让他们知道，随时可以离开。"如果你觉得不好玩了，那我们就离开。"

- 指出他们的成功之处。"进游泳池的时候你很紧张，但你看，现在你多快乐！"

以温和的方式帮助他们突破舒适区，也会为他们强烈的情绪增加空间，这样能帮助敏感的孩子学会应对不适，这也是情绪调节的一个关键。

成为孩子的情绪教练

情绪调节是指控制情绪状态的能力，你如何看待情绪，以及你如何回应情绪或不回应。虽然我们不是总能控制自己的感觉，比如愤怒，但我们可以控制自己的反应：是大喊大叫还是保持冷静，是走极端还是正确看待，还有最重要的，我们在愤怒时会说什么话。

情绪调节对所有孩子来说都是一项核心技能，但对敏感的孩子来说更加重要。这也许并不奇怪，正如我们所知，敏感者对情绪的感受十分强烈，他们会花更多的时间思考。一项研究甚至发现，与其他人相比，敏感者所做的情绪调节更少。[12] 该研究发现，由于敏感者经常情绪波动，他们可能会认为自己的负面情绪不会消失，或者会持续很长时间，而且他们没有办法使自己感觉好起来。这些想法通常表明一个人缺乏应对情绪的策略。他们的感觉似乎占了上风，而且强烈到无法面对。研究还发现，敏感者使用情绪调节策略，将有助于防止焦虑和抑郁——许多大人最害怕的就是敏感儿童出现这两种情况。

这就是体现家长作用的时候了。不管是面对自己的压力还是孩子的压力，你已经在通过言传身教，教孩子调节自己的情绪。你在这方面越有意识，就会树立越好的榜样。一般来说，那些积极回应并接受孩子情绪的父母，他们孩子的中枢神经系统最终会更加平静，孩子会更加自信，学习成绩更好，更能沉着面对强烈的情绪。父母越多与孩子谈论情绪，这些结果就越可能出现。经常讨论情绪能帮助孩子学会在情绪爆发时意识到自己的情绪，而不是感觉情绪是凭空冒出来的。

心理学家约翰·戈特曼表示，父母在树立情绪调节的榜样时有两种风格，一是情绪教练，二是不屑一顾。[13] 这两种风格虽然代表着父母应对孩子情绪的不同方式，但可能都出于善意。然而，所有的孩子，尤其是敏感的孩子，都需要情绪教练，教他们以健康的方式处理自己的感受。

情绪教练清楚，孩子有各种各样的感受很正常（对成年人来说也是如此）。当情绪教练的父母会将情绪视为学习、自我安慰和建立情感联结的机会。他们有一种直觉，知道什么时候最好和孩子一起探索他们的感受，也知道什么时候给他们一定的空间，让他们独自应对。情绪教练也会教孩子不要拘泥于单一的情绪反应。例如，你可以建议先搁置一晚上，第二天早上起来再看看精神状态有没有变化。

如果示范情绪调节听起来很难，没关系，放宽心。（也许你也可以自己调节一下。）你不需要在情绪调节上做得完美无瑕，才能给孩子做好榜样。事实上，要想教会孩子情绪调节，一个重要的环节就是与孩子交心，而我们自己的父母大多从未这样做过。交心就是说，当孩子不高兴时，你要倾听他们的心声，帮助他们厘清感受，解决问题，最好可以采取有建设性的行动。即使是我们这些从未重视过自己感受的人，或至今仍在努力调节自己情绪的人，也可以采取这些方法。

漠视情绪的危险

父母的另外一种风格就是轻视或忽略情绪。也许他们自觉或不自觉地接受了"韧性迷思"。他们认为情绪会干扰手头正在处理的事务，或者是软弱的表现。他们认为自己让孩子停止哭泣或忽略他们的感受，是在帮助他们。当孩子表现出害怕时，比如因为开学而感到紧张，他们可能会说"这没什么大不了的"或"你不会有什么问题的"。对敏感的孩子来说，这种做法会让他们感到羞耻，因为这相当于告诉他们，他们太情绪化或者太敏感了。这样做还会在孩子的心中埋下一个危险的教训：他们不应该寻求帮助来缓解不良情绪，这样做只会雪上加霜。在现实中，我们需要其他人来帮助我们处理强烈的情绪，需要与他们交谈，需要他们聆听我们的心声。

童年时期受到的情绪忽视往往是缺乏情绪调节能力的开始，这一点不足为奇。与那些生活中有情绪教练的敏感孩子相比，那些在漠视情绪的父母身边长大的孩子不知道如何调节或应对自己的情绪。压力和高涨的情绪对他们来说仍是压倒性的挑战，孩子可能会出现破坏性行为或思维模式，比如把事情憋在心里，直到崩溃。他们没有学会如何给自己的情绪贴上标签，也不理解所有的情绪都有存在的道理，所以他们可能会一直为自己拥有如此强烈的感受而感到羞耻或尴尬。情绪忽视会产生长期的影响，直到孩子成年后仍挥之不去，它会表现为不必要的内疚、生自己的气、缺乏自信，或者感觉自己内心存在重大缺陷。

值得注意的是，性别在其中起了很大的作用。父母对男孩和女孩会做出不同的情绪示范，而不是一视同仁，接受他们各种各样的情绪。女孩往往知道某些情绪是不被接受的，所以她们经常用"可以接受的"情绪代替不可接受的情绪。[14] 例如，她们可能会撒娇，而不是坚定地提出要求；她们可能表现出悲伤而不是愤怒。男孩往往知道他们不应该表现出任何情绪，因此也不会知道如何调节情绪。这可能有助于解释"男性的愤怒"——愤怒也许是最难压制的情绪。

男孩和女孩往往会看到父母的不同侧面。数据显示，父母和女儿谈论情绪的次数比和儿子多。[15] 父母在和女儿说话时使用的与情绪有关的词语也比和儿子说话时多，而且父母更愿意与女儿分享他们的悲伤。[16] 儿子更有可能受到责罚，父母很少和他们谈论情绪，更多的是表现出愤怒。[17] 这种漠视情绪的方式对所有孩子而言都是有害的，但研究人员发现，男孩尤其容易受到情绪忽视的影响。[18]

你可以关注情绪调节技巧，以此来帮助敏感孩子进行情绪开发。研究人员确定了三种最基本的调节技巧：发现情绪，控制情绪强度，管理情绪。[19] 这些技巧可以帮助所有人应对激烈的情绪，而父母作为情绪教练，可以练习这些技巧来帮助自己的孩子。

发现并识别情绪

如果你能够注意、识别并理解情绪强度，你就可以帮助孩子更深入地了解自己的感受。这种技巧对情绪调节至关重要。例如，初学走路的孩子已经可以用语言描述他们的感受，在遇到挑战时，他们可以谈论自己的感受或求助于能够帮助他们处理这些感受的人，从而进行自我调节。

有一种方法可以帮助孩子们做到这一点，那就是引入"情绪检查"，教他们定期识别自己的情绪。情绪检查可以很简单，比如问问自己："你在这一刻的感受如何？"鼓励孩子使用具体的、描述性的词语，而不是说"我感觉很糟"，也许他们感觉到的是疲惫、疼痛、失望、受伤或不知所措。（网上有很多可免费获取的情绪词汇表，可以帮助孩子扩大这方面的词汇量。）接下来，你可以开始教孩子如何管理他们识别的情绪的强度。

控制情绪强度

一个不会调节情绪的孩子很难在激烈的情绪失控之前遏制它。如果不加以控制，激烈的情绪可能表现为踢人、大喊大叫、发脾气、退缩或其他破坏性行为。学会感知情绪强度能帮助敏感的孩子与自己的情绪保持步调一致，并以健康的方式管理情绪。有一个简单的方法可以帮助孩子做到这一点。当你注意到他们的变化时，可以对他们说"你看起来有点儿安静"或"你今天好像不想和朋友一起玩"，然后请他们告诉你原因。如果你觉得自己知道原因，可以温柔地说出来："朋友要搬走了，所以你可能很难过。"通过这种方式，你可以帮助孩子学会在他们承受不住之前注意自己的感受。

你可能还想使用情绪温度计，问问孩子他们的情绪位于温度计的哪个位置，是位于冷区（情绪稳定）还是热区（情绪强烈）？这样可以帮助孩子了解他们的情绪，同时也是描述情绪的一个简单方法。（网上有免费的情绪温度计图片可供打印，你也可以自己动手做一份。）就像情绪检查一样，情绪温度计可以帮助孩子监测自己的感觉，以便更容易地控制情绪。

管理情绪

一个人在认识到自己的情绪并降低情绪强度后，最后一步是找到管理这些情绪的工具。敏感的孩子对生活中的许多事情都会有强烈的情绪反应，所以管理情绪是一项宝贵的技能，要尽早学习。你可以使用许多方法来教会孩子控制并缓和自己的情绪，包括深呼吸、想象自己从令人不安的环境中退后一步。他们还可以想象自己头上有一把无形的伞，保护他们不受讨厌的场面或话语的影响。（我们在第四章为大人提供的应对过度刺激的策略也适用于儿童。）

这些方法在孩子很小的时候就能发挥作用。在学前班和小学期间，孩子对情绪表达和与之相关的传统规则会有更好的理解。例如，孩子会发现，表现得比实际情况更难过可能会得到更多的同情。另外，他们可能学会在不开心的时候假装微笑，或者不让情绪流露。小孩子很快就能明白，他们表达出来的情绪并不总是与自己的感受相符。这种倾向在孩子进入青春期后会加剧，男孩更可能压抑悲伤，女孩更可能隐藏愤怒。到了十几岁，孩子会更加了解别人对情绪的看法。身为家长，你可以在这几年里继续担任孩子的情绪教练，教他们情绪调节技巧，训练他们使用健康的情绪管理和表达方式。

心怀希望

　　与不太敏感的孩子相比，环境对敏感孩子的影响可能更大，但这也给予了你更多的力量来帮助他们建立美好的生活。当孩子长大成人后，你会看到自己的努力和耐心没有白费，更重要的是，你将会看到他们的敏感达到了最好的状态。你今天努力给予他们的爱和支持将帮助他们在未来获得成功和幸福。

第八章
重塑你的工作

在任何领域，真正的创造性思维都是由一个天赋异禀、
异常敏感的人开启的。

——赛珍珠

你如果仔细观察，就会发现身边的敏感同事。他们可能在早上和别人匆匆打过招呼就逃回自己的工位，也可能为了在紧张的工作中找对努力方向而强忍泪水。如果你问他们为什么不高兴，答案可能会让你大吃一惊。也许他们因为一场电话会议而情绪低落，以至于无法专注于其他工作；也许老板说他们的办公桌有些凌乱——虽然只是句玩笑话，但让他们心如刀割，因为对他们来说，凌乱是自己不知所措的一面镜子；也许他们被不间断的电话和信息弄得焦头烂额，同时深感内疚，因为其他人面对这种忙乱似乎都能泰然处之；也许罪魁祸首只是一张

坐着不太舒服的椅子，一个不停敲打桌子的同事，或者过于耀眼的荧光灯。

敏感的人心里清楚，回家并不能解决所有问题。他们在工作中产生的情绪如影随形，一直萦绕脑际，需要处理才能将其消除。如果一个敏感的人在一天当中不能休息和反思，那么问题就会加剧，不管他们是在办公室、教室还是在零售店工作。

尽管敏感的人在工作中可能会备受压力，但凡事都有另外一面。他们可能是唯一能够联系上那个困难学生的人。他们投入额外的时间，让客户赞不绝口，让常规的教学计划变得有趣，让数据挖掘更加深入。他们通过直觉就可以感受到有不对劲儿的地方，并在罅隙变成壕沟之前发现它们。这些人能为公司节省时间和金钱，如果是在医疗领域，他们可能会挽救病人的生命。同时，他们也是预测周围人需求的高手，这些需求往往是职级更高的人所看不到的。例如，敏感的人可能会领会言外之意，认识到队友已经精疲力竭，看出大客户的不满之处。同事们往往会被他们吸引，因为在敏感的人面前，他们很有安全感，可以谈论自己的挫折、不安和恐惧，同时不会受到批评。

身为领导的敏感者能够给工作场所带来和谐，为他人创造有利于成长的环境。身为创新者、投资者和企业家的他们能够发现市场趋势和空白。简单地说，敏感者可能是你所拥有的最好的员工之一。老板不应该猜疑那些"过于敏感"的员工，而是应该主动示好。

如果上文对敏感员工的描述看似矛盾，那么原因在于他们在工作中经常是一个矛盾体。他们虽然本身往往是高绩效人才，但在工作中会经历高压和疲倦。有一项调查甚至发现，敏感者尽管觉得压力更大，却是所有人中表现最好的。[1] 这项调查是由组织心理学研究生巴维尼·什里瓦斯塔瓦开展的。当时，她正在研究工作场所的敏感者，调查对象包括印度孟买一家大型 IT（信息技术）公司的员工。基于管理者和员工的反馈，巴维尼发现被测定为敏感者的员工得到的评价更高。然而，敏感员工的压力也更大，并且在总体幸福感上得分较低。鉴于我们对敏感增强效应的了解，调查结果十分合理。

调查结果显示，许多优秀而敏感的 IT 专业人士很可能因为这种压力而离开公司，但如果他们的角色或工作环境得到调整，他们也许会留下来。正如我们在上一章谈论敏感儿童时所看到的，环境对敏感者真的十分重要。敏感员工要么成为公司的顶尖人才，要么因压力而才思枯竭，结果主要取决于环境条件。

真心话：你在工作中有哪些优势和压力？

"我有一些学生告诉我，如果不是因为有我当他们的老师，他们肯定上不完这个学期的课。他们说，我同情他们、理解他们，这是他们在需要时从其他教授那里得不到的。对此，他们心存感激。不好的一点是，我可能太过关心他们生活中出现的糟糕情况。当有学生告诉我，他在个人生活中遇到困难时，我会情绪激动，异常担心。"——大学教授谢尔比

"我干销售这一行已经 12 年了，可以说小有所成。但在这些年的大部分时间里，我都觉得精疲力竭。我的优势是善于建立关系。我可以

想象客户有什么感受，所以可以快速与他们建立融洽的关系。我也很认真，所以从不会错过最后期限。然而，整天与人沟通让我非常疲惫。不断响起的电话铃声、不断收到的电子邮件、不断走进办公室的人……总是有很多事情在不停发生！"——招聘和销售人员埃玛

"我发现自己能够营造一个安全的空间，让客户敞开心扉，说出他们的困难。这样做的好处是，我们可以很快找到问题的根源，以便他们做出改变，并产生持久的效果。我还发现，敏感可以帮助我找到最适合每个人的方法。我最大的问题是诊所把我的日程安排得满满的，中间没有留出任何可以让我休息充电的时间。我发现，如果我必须保持快节奏工作，同时没有休息时间，那我极有可能成为一块吸收别人情绪的海绵，在精神和情感层面消耗殆尽。"——临床健康教练达芙妮

"我觉得敏感给我带来的最大优势是深度处理和分析数据的能力。我还十分关注细节。我最大的弱点是，很容易感到不堪重负，特别是当我有很多最后期限要赶的时候。另外，在办公室工作时，我无法过滤外界的刺激（这与在家安静地工作完全不同），因此很难集中精力工作。"——商业责任保险承保人特拉西

为敏感员工提供合适的物理环境

那么，公司如何为敏感员工营造有利于他们成长的合适环境呢？公司如何避免失去那些有潜力成为优秀员工的人呢？在工作场所，有两件事必须解决：一是物理环境，二是情绪环境。

正如我们所看到的，敏感者在平静的空间环境中往往表现最

好。具体来说，他们在工作中受到的刺激不能过量，以免他们在舒适的状态中有效工作的能力受到压制。比如，有些敏感的员工无法轻易忽视背景噪声、同事的行为、明亮的灯光、僵硬的椅子。在别人看来可能很小的事情，比如同事身上浓郁的香水味，都有可能使敏感者无法集中注意力。要知道，敏感者要求改变工作环境并非故意刁难——他们的大脑天生就与旁人的不同。

营造合适的环境可能没那么容易，因为一般的工作场所设计并没有考虑到敏感者的神经系统。尽管如此，我们还是有一些方法可以让环境更具包容性。有些基本做法可以减少所有员工的压力，而它们对敏感员工的帮助更大。当然，环境会因为你所从事的领域和职位而变化。如果你在家办公，那你可能会面临许多潜在的干扰，就像你在办公室或呼叫中心这种需要协作的工作环境中一样。

如果你是一个敏感的员工，下面这些方法可以使你受益。

- 减少或消除工作环境中看着比较乱的东西（如果你是在家工作，那工作环境就是你的房间周围）。
- 充分利用办公室的门（如果有），以此隔绝周围的噪声。
- 买一副质量好的降噪耳机。
- 用空气净化器改善室内的闷热程度，减少空气中的过敏原。
- 装饰办公环境（如果允许），将其布置成赏心悦目、使人平静或鼓舞人心的样子。
- 定期休息，伸伸懒腰，喝杯水，吃点儿零食，到处走走。

你如果居家办公，就有更大的自由来营造最适合自己的物理环境。你可以播放白噪声或使人平静的纯音乐，甚至给办公的房间安装镶板来隔绝噪声。还有一点或许也有帮助：告诉室友或家人什么时候属于安静时间——在这段时间里，大家都会减少噪声，互不干扰。

敏感者还需要同事——至少是领导——了解他们对物理环境的需求。如果身为领导的你拥有敏感的员工，那么方法很简单：在工作空间上尽可能给他们最大的自主权，比如允许他们在办公室安静的角落工作，早上班或晚下班（因为这些时段人比较少），每周有几天在家工作。

公开交流也是一个重要的方法。敏感者往往很在意别人的感受，可能不会说出自己的需求，因为他们不想给别人带来负担或不便。如果敏感的员工不便提出要求，他们甚至可能会感到受困于目前的环境。因此，定期询问所有员工，看看他们是否需要什么支持来更好地完成工作——不要对任何你觉得奇怪的需求做出论断。这种定期的互通意见有助于鼓励敏感员工坦率说出自己感到压力、无法有效工作的原因。

为敏感员工提供合适的情绪环境

同事以及人际关系往往是敏感者在工作中面临的第一大挑战。物理性的干扰往往有办法阻挡，但我们不可能不让周围的人流露情绪和态度。如果工作氛围不健康，那么办公室充斥的情绪就会变成最耗费精力的元素。尽力同时应付不同的性格、精力水平和要求，对任何人来说都是一种挑战，但对敏感的人来说，这可能会对他们的心理健康产生巨大的影响。有时辛苦工作一天后，人虽然很累，但感到很充实，有时因为工作要求太多，难以有那么多的精力维系，所以经常崩溃。这两者之间的区别就在于情绪环境。再加上嘈杂、紧张的物理环境，要不停赶工的最后期限，还有巨大的压力，敏感的员工很快就会感到疲惫不堪。

如果你很敏感，你将更容易染上周围人的情绪。在工作场所，你通常要和同事相处 8 个小时或更长的时间。这些人往往身负压力，担心在最后期限之前完不成工作，还有其他各种各样积极或消极的情绪。如果你吸收了这些情绪，你可能难以集中精力做好自己的工作。如果你把这些情绪带回家，精神和心理上的负担就会使你的家庭关系紧张，损害你的生活质量。同样，由于敏感者往往很认真尽责，而且不想让别人不高兴，你可能会一直努力平衡自己和同事的需求，因此感到筋疲力尽。

正如敏感员工需要合适的物理环境一样，他们也需要合适的情绪环境。为此，你要设定健康的界限，并说出自己的需求。虽然没有人——尤其是没有敏感的人——想要这样做，但直接沟通是让别人了解你的需求的最好方式。你可以使用下面这些表达在工作中设定界限。

- "我需要一些时间来思考你提出的问题，稍后给你答复。"
- "我现在感觉有些累，无法专心听你的反馈。我想先休息一小会儿。"

- ■ "我很想帮忙,但这个周末我没有办法加班。"
- ■ "这个项目听起来很有意思,但我可能没有办法抽出那么多时间。"
- ■ "我明白这个项目很重要,但我手上还在做 X、Y 和 Z,你觉得我暂时停下哪项工作比较好?"
- ■ "我知道这样说会有些尴尬,也知道这可能不是你的本意,但是当你说……(做……)时,我会感觉不太舒服。"

为敏感者提供职业指导服务的琳达·宾斯指出,要记住,你和你不那么敏感的同事一样有价值。敏感并不是什么需要改正的问题。事实上,如果你觉得自己有问题,别人也会这样认为,并用相应的方式对待你。[2] 你应该拥抱自己作为敏感者所拥有的诸多天赋。"当你这样看待自己时,"宾斯解释说,"你会更加自信,更加了解也更容易说出自己的需求,更善于设定界限。其他人自然也会对你做出更积极的回应,你的自信因此会进一步提升。"[3] 这种自信有助于你说出自己需要什么样的环境,才能以最佳方式完成工作。

渴望有意义的工作

"除了需要合适的工作环境,敏感者对工作的意义也有很高的要求。他们不只领了薪水就满足,还想知道自己的努力是否给他人带来了影响，为更大的利益做出了贡献。当然，无论敏感与否，没有人希望自己的工作毫无意义，但许多敏感者对工作意义的需求十分强烈，他们会为了寻找有意义的工作而谋划自己的人生。正如生性敏感的作家安妮·玛丽·克罗思韦特所说："他们经常受内在动力的驱使去寻找意义，如果觉得某件事没有意义，那他们就不会做。"[4]

一份有意义的工作是敏感者生活幸福的关键。那么，究竟什么是有意义的工作？答案因人而异，但一般来说，当你发现自己所做的工作与超越自身的更高目标相连时，这份工作就是有意义的。这个更高的目标可能是拯救生命，应对气候变化，或者仅仅是让某个人的日子过得更好。

有目标感不仅令人满足，而且很重要。它有助于提高我们个人的幸福感，或者给公司带来更大的利益。管理咨询公司麦肯锡的研究显示，在工作中有强烈目标感的员工更健康、更有韧性，自然也对自己的工作更为满意。[5]工作满意度与生产力密切相关——据估计，有意义的工作每年会为每位员工带来 9 078 美元的额外收入。[6]如果员工的满意度高，他们就会在公司待更长的时间，公司因此会节省一大笔与离职有关的费用。按 1 万名员工计算，公司平均每年可节省 643 万美元。[7]在这里，我们又可以从敏感者身上学到一点：他们天生就知道有意义的工作的价值。

然而，尽管有意义的工作好处很多，但许多敏感者表示他们不觉得自己的工作多有价值或多重要。那么，让我们来看看作为敏感者，你可以通过哪些方式让自己的工作更有意义。

最适合敏感者的工作

"敏感避难所"的读者经常让我们列举一些最适合敏感者做的工作，下面就是我们的答案：

- 你
- 想
- 做
- 的
- 任
- 何
- 工
- 作

这就是答案。没有什么神奇的答案能自动让敏感者的工作变得更有意义。从首席执行官到建筑工人，敏感者可以在任何职位上风生水起。

尽管如此，有一些职业往往比其他职业更能吸引敏感的人，而这些工作一般可以充分利用他们的同理心、创造力和对细节的关注。许多敏感者很擅长做与照顾别人有关的工作，比如治疗师、教师、医生、护士、神职人员、儿童或老人护理人员、按摩师或人生教练。阿莱希亚是一个敏感的人，她在一家医院的行为健康部门担任娱乐治疗师。因为敏感，她能够更好地应对病人的情感需求。她告诉我们："我经常在刚走进一个房间时准备做某项特定的治疗，但在最后时刻根据病人的感受完全改变了干预措施。"然而，护理工作并不适合每一个敏感的人，因为做这项工作免不了受到高强度的压力和二手情绪的影响。阿莱希亚继续说道，护理工作会让人筋疲力尽，这对她来说是一个严重的挑战。"对他人保持高度警觉真的很累。工作一天之后，我会变得情感麻木。我是个单身妈妈，有两个十几岁的孩子。遗憾的是，当我回到家时，他们得不到我最好的照顾。"

敏感者在富有创造性的职业中也很出色，比如写作、音乐和其他艺术领域。事实上，全球最成功的艺术家不乏敏感人士。以演员妮可·基德曼为例，她曾多次获得艾美奖和金球奖。她说自己是一个高度敏感的人，还说"大多数演员都是高度敏感的人"[8]——尽管他们不得不"练就厚脸皮"来面对生活和工作中不断袭来的各种批评。还有一些极富创造力的名人表示自己很敏感，比如多莉·帕顿[9]、洛德[10]、艾尔顿·约翰[11]、马友友[12]、艾拉妮丝·莫莉塞特[13]，当然还有布鲁斯·斯普林斯汀[14]。著名心理学家米哈里·契克森米哈赖指出，有创造力的人往往拥有一些看似矛盾的特质：他们很敏感，但也对新想法和新体验持开放态度。[15] 这种双重性格解释了为什么他们在情感上很脆弱，容易不堪重负，但同时很有魅力，引人注目。契克森米哈赖解释说："有创造力的人常常因为自己的开放和敏感而遭受痛苦与折磨，但同时也会获得极大的享受。"[16]

需要关注细节的工作——无论是关注人、周围环境，还是电子表格上的数字——也很适合敏感的人。这种性质的工作在各个领域都可以找到，比如活动策划、会计、金融、研究、科学、建筑、园艺和景观设计、贸易、法律，以及软件开发。有一位敏感的女士说自己擅长社交，情感丰沛，懂艺术。她告诉我们，她特意选了一份与这些性格特质相反的工作：财务系统分析员。整天与数字打交道让她感到平静，也让她暂且不再释放情感。

敏感者的理想工作可能根本不是一份传统意义上的工作。《为高敏感者打造工作》一书的作者蓓莉·耶格建议敏感者自己给自己打工，因为她的很多敏感客户表示，自我创业比传统工作更令人满意。[17] 他们可以从事设计、摄影、摄像、家具修复、社交媒体管理的工作，也可以开公司、做咨询，或把当前的工作改为自由职业的模式。自主创业的好处在于，敏感者可以控制他们的工作环境和时间表，不那么容易受到过度刺激。当然，这样做也有缺点，比如没有固定的工资。对某些行业而言，他们需要营销和人脉，这可能会让人疲惫不堪。因此，像其他类型的工作一样，自主创业并不一定适合每一个敏感的人。

同样，敏感的人可以做任何他们想做的工作，包括本书没有提到的工作。然而，当你选择合适的职业道路时，有一些元素是一定要避开的。这些工作会对你的神经系统造成严重伤害，并会导致过度刺激和精疲力竭。此外，这些工作会违背你作为敏感者对意义的追求。如果工作中存在大量以下情况，我们建议你远离为妙。

- 冲突或对抗。

- 竞争、高风险或极端风险。

- 噪声或过于忙碌的物理环境。

- 一直与人打交道，基本没有休息时间。

- 重复性的工作，没有更大的使命。

- 公司文化或管理风格不健康。

- 为了赚钱，要求你放弃自己的原则。

遗憾的是，在几乎所有工作中，你都可能在某个时刻遇到上述的一种或多种情况。关键是要避免这些情况属于常态的工作，在这种工作中，你不是仅仅在糟糕的一天或几天里碰到上述情况。倾听自己的内心，你的情绪和直觉会告诉你过度刺激是长期的还是偶发的。在工作繁忙的一天结束时感到身心疲惫很正常，特别是如果你是一个敏感者。但是，在工作中经历长期的过度刺激完全是另外一回事。此外，要注意你身体上的感觉。你是否经常出现肌肉酸痛和紧张、胃部不适、胸闷、失眠、疼痛或疲劳？如果这些症状没有明确的身体原因（比如疾病或感染），那么身体可能正试图向你传递某些信息。

深度工作和慢工作

由于种种原因，我们并非总能找到完美的工作。也许你所在的城市工作机会有限，也许你还没有拿到工作所要求的学位或接受足够的培训。也许你上一份合同还没到期。又或者，考虑到生活中的其他因素，也许现在换工作很不现实。打造有意义的职业需要时间，有时可能需要一生，而我们中的许多人因为要支付各种账单，会暂时接受不那么理想的工作。即使是作为本书作者的我们也做过各种工作来支付账单，詹恩做过清洁工作，安德烈当过厨师。无论出于什么原因，如果你选择留在当前的工作岗位上，那你可以采用一些方法让工作更有意义，同时让自己面对更少的过度刺激。

敏感者可以尝试这样一种方法，那就是营造更多的空间，特别是心理空间。心理空间能够使你在没有干扰的情况下专注于一项工作。任何人采用这种方法都可以提升工作效率，但作为一个敏感的人，你需要心理空间来进行深度处理，这样才能把工作做到最好，自己也会感到平静和舒适。对于不同的工作，心理空间看起来也是不同的：对系统分析员来说，可能要在一个没有电子邮件或会议干扰的私人环境中安静、专注地工作；对汽车修理工来说，可能要放大音乐的音量，掩盖车库里的其他声响，这样他们便能专注于自己面前的汽车。

遗憾的是，在现代办公环境中，心理空间可能很难营造。研究员兼畅销书作家卡尔·纽波特认为，其原因在于我们的本能。身为人类的我们都有一种把事情做完的动力，完成任务是工作中最令人满足的一部分。[18] 然而，对许多在办公室工作的人员来说，很多任务从来没有真正完成过。想一想不停接收邮件的收件箱，在你睡觉时嘀嘀作响的 Slack 通信频道，还有写满看似重要的会议安排的可怕日历。把这些事情——划掉的感觉确实很好，你已经对所有事情做了回复，但一眨眼，你又不得不重新来过。纽波特指出，你的狩猎采集者的大脑开始抓狂。[19] "我们还没有打完猎！必须采集好食物！人们还指望我们呢！"然而，狩猎永远不会结束，祖先遗传下来的这部分大脑不知道这些焦虑是没有意义的。于是，它一直在你的脑袋里大喊大叫，你不停地从电子邮件跳到 Slack，再跳到短信，你的心理空间消失了——即使你是在一间关着门的只有你一个人的办公室里。

纽波特把这种工作方式称为"极度活跃的蜂巢思维"[20]，因为从理论上讲，这是知识工作者的一种合作方式。（那些信息和会议不就是为了达到这个目的吗？）但纽波特告诉我们："这是一场灾难。它会使我们筋疲力尽，无法清晰思考，而且备感痛苦。"[21] 对敏感的人来说，蜂巢思维甚至更加糟糕，而且原因不仅仅是过度刺激。"这对敏感者来说特别不利，"纽波特说，"因为从同理心的角度来看，你会接触很多人，他们需要你的回应，而你此刻却顾不过来。即使你从逻辑上知道这些电子邮件的内容并不紧急，更深层次的东西也会被触及，因为你知道有人需要你。"[22] 每一封没有回复的邮件都会让你觉得你让对方失望了。

纽波特知道自己在说什么，他的整个职业生涯都在致力于研究深度工作。同时，他也教别人做同样的事情，并尽可能消除过多的浅度工作。（例如，纽波特的网站上没有联系表，而是有一份选项清单，可以将请求分流给不同的同事以及不会回复的邮箱，这样他才能更好地专注于重要的工作。他说，他之所以愿意为我们腾出时间，是因为他自己也是一个敏感的人。他说敏感是他成为一名成功作家的原因。）

纽波特指出，要想做好工作，不一定需要极度活跃的蜂巢思维——即使是办公室工作，甚至技术驱动型经济领域的工作也是一样。事实上，因为这种方法会降低效率，所以它对公司和你的日常心理健康而言都是不利的。纽波特认为，大多数组织不希望你把大部分时间花在这些价值很低的事情上，比如不停地处理电子邮件或参加一个又一个会议。但人们往往会不知不觉地陷入这些事情中不能自拔，因为许多员工没有清晰的目标，也没有得到足够清晰的指引。

另一个选择是纽波特所说的慢工作，这是一种做事更少但做得更好的艺术。蜂巢思维吞噬了心理空间，而慢工作则会营造心理空间。慢工作是敏感者的理想模式，因为它基于仔细的计划、深思熟虑的决策和极度的完美，而这些正是敏感者最为擅长的。另外，它特别适合纽波特所说的深度工作，即长时间专注于价值很高的事情，不受任何干扰。当你整理收件箱时，你做的是浅度工作，它会把你拉回蜂巢思维。当你抽出一个小时，关闭手机，专心做幻灯片时，你做的就是深度工作。

为何敏感者可以完成更多的深度工作

纽波特认为，你对自己的工作方式有很大的自主权，这可能超出了你的想象。一定程度的慢工作可能无须别人许可。你不用和领导说，就可以开始实践。纽波特的建议是，做一些不会直接影响他人的改变，比如在一天中安排一个小时的深度工作时间，在此期间不要查看任何信息，或者改成每天只查看两次电子邮件。事实上，他甚至建议不要把这些变化告诉同事，因为他们可能根本注意不到，而且你可以避免任何误解，不会让别人误以为你将给他们带来不便。

纽波特指出，如果你确实想和领导说明你想要改变工作方式，一定要注意措辞，把它描述成一件你希望他可以提供意见的事情，并明确说明其中的权衡。下面这段话是一个很好的例子：

> "我想听听您的意见，我应该做多少深度工作、多少浅度工作？深度工作是指完成项目分工，或者说，完成我的工作计划。浅度工作是指回复电子邮件和参加会议这样的事情。两者都很重要，但就我的工作来说，您觉得理想的比例是多少？"

这与你说自己有太多电子邮件要回复或太多会议要参加（其中许多任务来自你的领导）完全不同。你这样说是把重点放在了领导重视的目标上。你可能会发现，你得到的认同远远高于自己的预期。这样，你就得到了指示，可以拒绝参加更多的会议，或者找个地方关上门开始深度工作。这个建议并非纸上谈兵。当纽波特建议读者这样与领导交谈时，很多读者在实践后表示，他们对发生的变化感到惊讶，即使在他们认为传统文化根深蒂固的公司里也是一样。在许多情况下，领导接受了他们的想法，并为团队制定深度工作和浅度工作的比例，允许他们"失联"半天以集中精力工作。有时，领导甚至会完全禁止内部邮件的发送。"这些事情是你以为不可能发生的，但实际上能如你所愿。"纽波特说，"他们需要的就是一个数字和一个依据而已。"[23] 在工作场所做出这种改变也是在挖掘敏感者在工作重塑方面的本能。

天生的工作重塑大师

研究人员埃米·韦尔斯涅夫斯基想要弄清楚是什么让工作变得富有意义，于是把目光投向一项最没有吸引力的工作：医院的清洁工。[24] 清洁工干的是脏活儿，一成不变，往往得不到别人的感谢，所以韦尔斯涅夫斯基以为他们会表示不满。的确，她发现有很多清洁工在抱怨，但也有例外。有些清洁工对这份工作赞不绝口。他们说自己是医院的大使，甚至是治疗师，时刻保持医院的清洁，以便病人好转。他们不仅喜欢自己的工作，而且为此感到满足。

韦尔斯涅夫斯基对这一小部分人很感兴趣，于是开始做跟踪调查，想看看他们有什么与众不同之处。她发现，他们做着清洁工的本职工作，这与其他清洁工没什么不同，但他们还不辞辛苦地给自己增加了其他任务，而那些事情往往是有意义的。有些人特意与病人聊天，陪伴那些无人照看的病人（其中一个清洁工甚至在病人出院后很长时间还与他们有信件往来）。为了病人的健康，他们会用心研究清洁剂是否会影响病人。一位清洁工甚至定期给监护昏迷病人的病房更换装饰品，因为这种变化可能有助于刺激病人的大脑。这些工作都不在他们的职责范围内，实际上属于额外的杂事，但正是这些工作凸显了他们工作的重要性，以及清洁工如何做到真正为病人服务。这些员工证明了工作的意义并不完全取决于工作内容，而是取决于工作方式。

基于自己的理解和其他研究，韦尔斯涅夫斯基提出了"工作重塑"的概念，即将无趣的工作变得富有意义。[25]她说，工作重塑要求你把自己放在"驾驶员"的位置。从那时起，无数的研究已经证明工作重塑的积极效果。[26]从蓝领工作到熟练的技术工种，甚至是对压力过大的首席执行官，工作重塑都会起作用。[27]

工作重塑之所以有效，主要原因在于，就像深度工作一样，它无须得到别人的许可。[28]（当然，领导的认同会给你更多的选择，但这是需要时间的。）事实上，工作重塑一般会提高绩效，那些注意到这些变化的领导往往会秉持鼓励的态度。[29]同样，敏感者也是这方面的行家。当研究人员对比工作重塑的成功率与人格特质时，他们发现它与同理心、情商、亲和性、责任心等特征相关，而这些特征在敏感者中十分常见。[30]因此，很多敏感的人都是天生的工作重塑大师。

重塑工作的方法

要想重塑工作，其中一点就是要改变你对工作的看法，把它与更高的目标联系起来。[31] 如果你觉得这听起来像是心理谋略——让自己享受目前的工作而不是换工作，那么你只说对了一半。当然，你如何看待工作对你的感受会有很大影响，但工作重塑确实有实际的效果。通常情况下，这种认知上的改变会拓宽你的视野，让你对工作的看法以及你能做什么拥有更深刻的认识。随着时间的推移，你的角色将会发生改变，比如你每天所做的事情有了真正的改变，以后你可能会有更多晋升和职业发展的机会。

这种工作重塑被称为"认知重塑"，其中涉及两个心理转变。[32] 首先，你拓宽了对自主权的看法，也就是说，你认为自己有能力改变工作的界限。（这一步从某种意义上说，就是允许自己重塑工作。）其次，你拓宽了对自己角色的看法。许多人把工作看作一套规定好的具体任务。这是可以理解的，因为招聘启事上就是这么写的。但是，如果你这样想，工作的意义就会受到职位描述的限制。实际上，你有能力做出远超本职工作的成绩，而你应该用这些反映大局观的成绩定义你的工作。

例如，护士的工作看起来可能很有意义，但如果你把重点放在指定的具体工作，比如插管等技能，或按照检查表核对事项等机械性的任务上，那么工作就脱离了治病救人这个更高的目标。[33] 有大局观的护士可能会说"我是全人护理团队的一员"，或者简单地说，"我帮每个病人获得了最好的康复结果"。如果你用这种大局观来描述自己的角色，你的职责便立刻超越了你的工作描述。你可能会查看病人有没有病历上没有写明的问题，向病人提问，帮助他们解决与护理没有直接关系的需求，或者参与病人代表的组织，为他们说话。换句话说，你将成为每个病人梦想中的护士。这种模式适用于每个职业，比如要做出营养丰富的菜肴的厨师，要开发能改变生活的产品的副总裁。

当然，这并不是说工作重塑没有障碍。每份工作都会遇到障碍。（一位热爱自己工作的厨师告诉我们："每份工作都有它无聊的一面。"）不过，工作重塑可以帮你克服这些障碍。下面这些方法也能帮助你重塑工作。

调整工作内容和方式

这一步称为"任务重塑"[34]，你可以主动给自己增加一些新的任务，如果可能，也可以放弃一些任务。你还可以改变工作方式，或者改变分配给不同工作的时间和精力。例如，一个零售员为安排一场时装展示付出了额外的努力，他可能会被要求负责后面所有的展示，充分发挥他的创造力。再比如，一位老师调整了本班的放学流程，他可能会被要求设计更多的方法来改善整个学校的放学流程。有时你需要领导批准才能做这些事情，但你可以非正式地开始，而不是等待正式授权。

改变互动方式

研究表明，在工作中建立有意义的关系是工作满意度最重要的因素之一，它甚至比工作环境或工作内容更为重要。[35] 在一项研究中，在工作中拥有情感支持和深厚友谊的员工表示自己很快乐。你可能记得自己曾经坚持做一份很辛苦或薪水很低的工作，只是因为你喜欢和你一起工作的人。这项研究就解释了其中的原因。不过，当涉及工作重塑时，重点并不是要与每个人交朋友，而是要思考你选择和谁一起工作以及为什么。

这种有意建立工作关系的过程被称为"关系重塑"[36]。医院的清洁工在陪没有访客的病人聊天时，就是在做关系重塑，因为他选择把更多的时间给那些可能感到孤独的人。同样，你也可以努力去了解你的老客户、新客户或病人，然后记住他们。把为他们争取最好的结果当成自己的工作，即使你的职位描述中没有写这一条。和与你面临同样问题的同事交流，并且以解决问题为导向。想一想那些和你没怎么有来往但你确实应该交往的人。他们可能知识渊博，是你尊敬的人，或者工作内容是你感兴趣或有优势的人。你也可以问问团队的新成员，看看他们是否需要帮助，并让他们知道你愿意提供帮助。另外，确定哪些同事或客户会消耗你的精力，在与他们的互动中设定健康的界限。

不同职级的工作重塑

你可能需要根据自己的职级来调整工作重塑的方法，因为不同级别的人会有不同的障碍阻止他们做有意义的工作。[37] 如果你不是管理层，那你可能需要完成具体的工作任务，这时，你的主要障碍就是自主权。你可以专注于纠正低效的流程，建立牢固的关系，并通过自己的表现提高可信度，这样领导就会对你的建议和要求持开放态度。如果你是公司高管，工作重塑就是另外一番景况了，因为你在时间分配上有更大的自由。另外，你有一系列需要达到的目标或结果（往往风险很高，比如按时推出产品）。因此，你的主要障碍是时间有限和如何获得其他高管的支持。你可以把重点放在放权上，让别人来做那些已经成为常规的工作，给自己留出更多的时间。你也可以小规模地开展试点创新项目，在下一次高管会议上或公司静修活动中介绍一下成果。

掌握罕见且重要的技能

卡尔·纽波特指出，如果工作中有更多的自主权，还能掌握一定的技能，这在本质上会让人感觉工作更有意义。[38] 但并非所有的工作都能如此，尤其是初级岗位。不过，纽波特说，工作中缺少自主权没有什么可担心的，相反，它提供了一个行动方案。如果你想拥有更有意义的工作，包括自己说了算，那你应该开始学习你所在行业中大多数人所不具备的技能。当然，这可能意味着要获得哈佛大学的法学学位，但这并不是唯一的方法。举个例子，我们与一位网络开发人员聊过。一开始，碰到什么样的客户，她就做什么项目。她有技术，但与其他开发人员没什么不同。后来，她碰到一个项目，要设计一个供残疾人使用的网站。她发现这个项目很有意思，于是花了大量时间研究最好的无障碍网站。更重要的是，她意识到很少有掌握这种专长的开发人员。现在，她不仅可以挑选客户，还可以收取更高的费用。另外，她很喜欢自己的工作，因为她在帮助他人。再举一个例子，一个工匠一开始做的就是普通的建筑工作，但他对修复旧屋很感兴趣。为此，他掌握了几十种失传的艺术，包括复杂的木工手艺和装饰抹灰。使用这些技能改造旧屋给他带来了深深的满足感，不仅如此，他还可以选择工作地点、工作时间和工作方式。

在工作中做出的这些改变可以帮助你最大限度地减少职业倦怠，并营造一个让自己脱颖而出的环境。这种发展轨迹不仅会带来物质上的成功，比如认可和晋升，还可以满足你作为一个敏感者的个人需求。毕竟，敏感的人在任何职业中几乎都可以蓬勃发展。想想那些给病人写信、在墙上挂彩色装饰品的清洁工。通过布置环境、重塑工作，你敏感的内心会觉得自己的工作很有意义，而且你不会长期处于疲惫状态。你可以在没有巨大压力的情况下成为高绩效者，并会不断成长。

第九章
敏感革命

艺术家有益于社会，因为他们十分敏感。他们超级敏感……
当社会处于巨大的危险之中时，他们很可能会拉响警报。

——库尔特·冯内古特

今天，当回想起大萧条时，我们会觉得那是一个特别的时期。然而，当时的美国在一个世纪里已经经历了一连串的金融灾难，大萧条只不过是最近的一起。其中最严重的当数"1837 年恐慌"，那一代美国人营养不良，身材明显缩水。[1]还有一次是"长期萧条"，它引发了罢工的铁路工人和联邦军队之间的暴力枪战。[2]一位工人告诉媒体，他已经一无所有，"与其慢慢饿死，还不如一下子被子弹打死"。[3]这次萧条持续了 20 多年。

应对金融危机的一般方法是勒紧腰带，保护银行，强者生存。然而，1933 年的美国准备采用另一种解决方案。名不见经传的劳工活动家弗朗西丝·珀金斯被任命为劳工部长，成为美国历史上第一位进入内阁的女性。[4] 任命珀金斯这一做法很明智。她最初在芝加哥的社会福利机构做志愿者，每天与穷人和失业者打交道。1911 年，三角女装公司发生大火，这一天也是珀金斯职业生涯的一个关键转折点。当时，她惊恐地目睹了被困在工厂里的工人为了逃离大火而跳楼致死。可以说，没有人比珀金斯更想要帮助美国工人阶层了。

不过，她接受任命是有条件的：富兰克林·D.罗斯福总统必须承诺支持她提出的政策，包括废除童工、实施每周 40 小时工作制、保障最低工资、实施工人补偿、落实联邦失业救济、完善社会保障等。[5] 她的政策，也就是我们今天所说的社会保障体系，与勒紧腰带的紧缩政策恰恰相反。

罗斯福总统答应了她的条件。[6] 在他担任总统期间，珀金斯提交了一系列政策，在美国历史上经济最紧张的时候打开政府的救济大门。她的政策将资源输送给那些最需要的人，包括工人、艺术家、年轻人，甚至那些不再能为经济做出贡献的人，比如残疾人和老年人。罗斯福总统坚守承诺，支持所有政策。突然间，人们发现自己有了最低工资保障，工作时间有了上限，也有钱上学、开车上路和邮寄东西了。罗斯福所做的唯一改变就是给这些政策起了一个更响亮的名字——新政。

珀金斯是一个敏感的人吗？我们无法完全确定。她于 1965 年去世，那时人们还没有意识到这种特质的存在。然而，珀金斯对他人的关心绝对体现了所有敏感者的最大天赋：同理心。她的孙子汤姆林·珀金斯·科吉歇尔创办了弗朗西丝·珀金斯中心。[7]
他告诉我们，珀金斯想要帮助每一个人，所以她致力于改善立法，
让更多人受益。从她对政府的认识中，我们也可以看到她渴望帮
助别人。珀金斯在晚年思考新政的影响时说了一句被后人铭记的
话："对政府来说，人民才是最重要的。政府的目标应该是让辖
区内的所有人都能过上最好的生活。"[8]

我们现在知道，新政不仅加快了大萧条的结束，而且塑造了
延续不止一代的美国精神。[9]新政并非空中楼阁，它使 800 万人
重返工作岗位，给严重衰退的经济注入刺激资金，并在银行倒闭
时保护储蓄人的利益。它还打破了繁荣过后便是萧条的循环。近
一个世纪以来，美国没有再发生如此大规模的经济危机。简言之，
用敏感之心铸就的政策是明智的政策。

敏感者应该觉得自己有能力领导他人

让我们回到第一章谈到的"敏感之道"。"敏感之道"就是我
们要接受自己的敏感，而不是隐藏它。"敏感之道"就是我们要
拥护自己的天赋，就像珀金斯那样，而不是为这一天赋特质感到
羞耻。不仅如此，它还要求我们放慢脚步，进行反思，让同理心
和慈悲心引领我们，勇敢地表达人类的全部情感。因此，"敏感
之道"成为"韧性迷思"的解药。这正是我们这个步履匆忙、太
过纷繁的分裂世界所迫切需要的。

然而，尽管敏感的人教会了世界很多东西，但许多人说他们

觉得自己并不是老师或领导者。事实上，许多敏感者在与他人的交往中会不自觉地摆出较低的姿态。姿态不一定由金钱或头衔决定（尽管这些元素确实会起一定的作用），它指的是你的举止，包括你站立、说话和表现的姿态。在这种情况下，姿态意味着影响力、权威或权力。

低姿态与高姿态源于即兴喜剧，世界各地都是如此。[10] 剧作家基思·约翰斯通意识到，演员会在舞台上通过相对姿态来传达无言的信息。[11] 当约翰斯通教他们通过肢体动作来表达姿态时，沉闷的场景立刻生动起来。例如，姿态高的角色站立时需要挺胸抬头，走直线，在其他演员接触或接近他们时不能退缩。姿态低的角色则恰恰相反。当两个姿态差距很大的角色，比如女王和她的管家在台上互动时，就会出现一些最有趣的场景。当人物的行为与他们的固有姿态不同时，就会产生喜剧效果，比如女王开始为管家服务。

在现实生活中，姿态高低之间的区别并不总是那么容易被人发现。在一群朋友中，姿态高的可能是第一个从餐桌旁站起来，并决定大家接下来要做什么的那个人。姿态低的可能是征求意见和侧耳倾听的那个人。所有人都会根据情况转换姿态。[12] 心理学家认为，在最健康的关系中，人们会频繁转换姿态。如果一个人在哪里都要保持低姿态，那么他和别人建立的关系并不健康或无法令人满意。

不过，我们不一定要避免低姿态。高姿态有一定的优势（比如权威和受尊重），低姿态也一样。低姿态的人看起来更值得信赖，更平易近人，更讨人喜欢。商业教练经常建议大权在握的人培养低姿态，比如公司的首席执行官。总是以高姿态视人的那些人可能会显得傲慢专横，让其他人觉得有威胁感，而且他们可能会感到孤独，因为别人觉得与他们在一起不那么愉快。我们往往会觉得某种姿态更舒适，而这种姿态会成为我们的默认姿态。畅销书作家苏珊·凯恩指出，女性和内向者倾向于以低姿态进行沟通，敏感的人也是如此，他们通常根本不想支配他人或凌驾于他人之上。[13]

高姿态和低姿态没有对错之分。然而，有些敏感的人可能会非自愿地陷入低姿态。当他们得知敏感是一种缺陷后，他们的自尊心可能会降低。敏感的人应该在自己有意愿时转换为高姿态。在现实中，提升姿态正是"敏感之道"要求我们做的。它要求我们挺身而出，说出自己的想法。它要求我们使用天赋为自己和他人谋益处。这种提升姿态的呼吁并不是说敏感者必须改变他们的身份，并试图支配或压过周围的人——它只是说敏感者应该自认为有能力以自己的方式领导他人。

敏感型领导者的优势

为了了解领导者的个性会产生什么影响，丹尼尔·戈尔曼和其他研究人员将目光投向波士顿的一家医院。[14] 这家医院有两名医生正在竞选上级单位的首席执行官。研究人员称他们为"伯克医生"和"洪堡医生"，当然，这并非他们的真名。"这两个人都是科室负责人，技术超群，在著名医学杂志上发表了多篇被广泛引用的研究文章。"研究人员解释说，"但是，他们的个性截然不同。"[15] 同事认为伯克没有人情味，凡事以工作为重，无休止地追求完美。他好胜的工作作风迫使手下员工做事极其小心。洪堡同样对手下要求很高，但他更平易近人、态度更友好，甚至更幽默。研究人员指出，在洪堡领导的部门里，员工似乎更加自在，会面带微笑，互相友好地开玩笑。最重要的是，他们觉得自己可以自由地说出心里的想法。因此，表现出色的员工往往被洪堡的团队吸引而离开伯克的部门。医院董事会选择洪堡作为新的首席执行官并不奇怪。洪堡展现了敏感型领导者的一些优势，比如高情商，他能为与他共事的人创造一个温暖的环境。

我们大多数人可能希望拥有洪堡而非伯克那样的领导。正如戈尔曼及其合著者、行为科学家理查德·E. 博亚特兹所说："有效的领导者与其说是要掌控局势或掌握社交技能，不如说是要真心对待你需要他们的配合和支持的人，要锻炼自己激发他们的正能量的能力。"[16] 在这一点上，敏感型领导者会大放异彩，不管他们领导的是公司、社会运动，还是自己的朋友或家人。如果你是一个敏感的人，那你可能在领导部门上没有足够的自信。其实，你可能会成为一个比自己想象中更好的领导者。

许多成就伟大领导者的品质，比如同理心，是敏感者生来就有的。正如我们在第三章所看到的，敏感者有很强的同理心，所以他们能够更深入地理解身边的人。能够切实感受别人的体会这种能力对领导者有很大的好处。一项研究显示，具有同理心的领导者会提高团队的创新水平、敬业度，改善合作氛围。[17] 当领导者将同理心融入决策过程时，员工更有可能效仿——同理心会催生更多的同理心，并且更有可能坚持下去。同样，富有同理心的领导者理解并支持有不同体会的人，从而创造并维持更加包容的工作场所。

除了更有同理心，敏感型领导者还能快速掌握办公室的气氛，察言观色。[18] 这些能力在许多场合都是有利的，因为了解他人的情绪是帮助他人释放潜力的关键。情感直觉型领导可能会迅速捕捉员工的感受和挣扎，然后找到最佳的行动方案来帮助此人。情感直觉型父母、老师或治疗师也是一样的。简言之，因为敏感的人愿意花时间去理解别人的经历并与之建立牢固的关系，所以敏感型领导者对其追随者的幸福感和忠诚度有很大的影响。

美籍韩裔记者洪又妮想到一个词来形容这种能力，即"眼力见儿"。[19] 她说，在韩国，眼力见儿的意思是能够感知他人感受或想法的能力，它被视为幸福和成功的秘密。洪又妮解释说："韩国小孩 3 岁时就知道这个词，而且通常是在反面例子中学会的。如果大家都靠右站在自动扶梯上，而一个孩子却懒洋洋地站在左边，他的父母就会说：'你怎么这么没有眼力见儿？'其中的一层意思是要有礼貌，但还有一层意思是：'你为什么不待在你该待的地方？'"[20] 在现实生活中，眼力见儿意味着观察环境的能力，你可以注意到谁在说话，谁在倾听，谁在皱眉，以及谁在走神之类的事情。正如韩国人所说，那些天生就有眼力见儿或超有眼力见儿的人能够与更多的人建立联系，显得更有本事，沟通能力更强，并在生活中实现更高的成就。

敏感的人还会散发温暖，让追随者信任他们。埃米·卡迪和她在哈佛商学院的团队研究了不同类型领导者的效力，他们发现那些散发温暖的人（比如洪堡医生）比那些看起来难以接近的人效力更高。[21] 其中一个原因就是信任。敏感型领导者往往让追随者觉得容易接近，可以向其倾诉心声，他们之间建立的关系也更加真实。敏感型领导者对各种观点和经验持开放态度，并积极为每个人提供空间来分享他们的价值观和信仰，因此营造了诚实可信的团队文化。敏感型领导者不会认为所有团队成员都是一样的，而是更有可能将他们视为个体，了解他们的需求，关注他们的最佳利益。

最后，敏感型领导者往往喜欢反思。他们更有可能分析每一个细节，从而确定哪些是可行的，哪些是不可行的，并根据需要加以调整和改变。[22] 此外，他们的直觉更加敏锐，能够察觉什么地方不对劲儿。因为具有创造力和创新性，他们能够从多个角度看待问题，并提供新的见解。有些领导者只强调自己的成功，但许多敏感型领导者试图从失败中吸取教训，从而避免未来再次犯错。他们会把别人的批评放在心上，所以在表达批评意见时会采取更有建设性的方式，让自己和团队以更高的水平实现自我提升。

真心话：身为敏感型领导者，你有什么优势？

"我现在正领导一个备受瞩目的技术项目。我发现敏感对我有这样几点帮助。我擅长观察细节，能够看到项目的各个环节是如何连成一个整体的——这种能力能帮助我让项目保持在正轨上。我能够理解（或者至少说我试图理解）其他人的想法，所以我能够与不同岗位的同事相处融洽。当我需要和其他组的人合作时，这种能力就会派上用场，因为他们的观点或优先事项可能与我们组的不同。"——布鲁斯

"我可以单从语气感受我手下的经理们需要什么。我能够弥补他们的短板。更重要的是，冲突会让我很不舒服，所以我读了冲突解决方向的硕士，后来还成了一名持证调解员。从那时起，我一直在用这些技能教我的团队和我自己的孩子如何更好地沟通、倾听和合作。"——温迪

"因为敏感，我往往比公司高管更早、更准确地发现团队的动态和员工的需求。这种预见性能使我更好地解决各种问题。"——弗朗姬

"我经常发现自己在朋友中起带头作用。其中一个原因当然是我的敏感特质：我处理事情既深入又迅速，也就是说我可以综合大量信息，不管是该做什么项目，还是该怎么处理一个问题。之后，我会把谈话从漫无目的的讨论引向实际问题的解决。"——朱莉

跟随直觉

需要牢记的一点是，要起领导作用，不一定非要成为公司的首席执行官（不过，我们与几位首席执行官交谈过，他们发现即使在这个位置上，敏感力也是他们的一笔财富）。领导的方式有很多种，比如带领一个销售团队，联系朋友或家人策划下次聚会。领导力的表现可以很简单，比如注意到别人忽略的

问题，然后挑明问题。例如，在家庭生日聚会上，敏感的你说："孩子们累了，我们现在就开始拆礼物吧，免得一会儿他们太累了，没了兴致。"这样简单的一句话就是领导力的体现。再比如，在工作中，敏感的你说："这张表格可能会让潜在客户感到困惑，他们可能不知道怎么填，会扔到一旁，所以我建议用一张更简单的表格。"敏感者会经常注意到这种问题，但由于他们已经习惯了不相信自己的直觉，所以即使说出来对大家有利，他们也可能选择闭口不谈。

因此，要想成为强大的敏感型领导者，首先要倾听自己的直觉。刚开始时，你要重视自己心中和脑海里的声音，而之前你可能会压制、淡化或驳回这些声音。这些声音表明你发现了漏洞、危险信号、烦扰或问题，也可能只是某些事情看起来不太对劲儿。这些声音会预测接下来可能发生的事情或某种情况的发展趋势，并且这种预测往往是正确的。作为一个敏感的人，你拥有别人没有的知识，你知道别人不知道的事情。你可能会发现，不那么敏感的人甚至没有意识到这些问题，而原因并不一定是这些问题无足轻重。当你注意到问题时，请以友善的方式勇敢说出来。我们在第一章提到的敏感护士安妮就是这样做的，她的举动最终挽救了一个生命。

你还可以以身作则，比如当你看到不公的事情发生时，大胆说出来。举个例子，在美国中西部的一个小镇上，一名校车司机骚扰乘车的索马里学生。学生投诉他种族歧视，但其他老师和社区人员坐视不理。有一位敏感的老师选择相信学生，她挺身而出，要求校车公司停止这种行为。尽管同事们警告这位老师，她的行为可能会遭到学校管理部门的强烈反对，她的职业生涯会因此面临风险，但她还是这样做了。这位不愿透露姓名的老师告诉我们："我不能坐视不管，因为孩子们正遭受虐待和歧视，这会严重影响他们的生活和接受的教育。"尽管她从不觉得自己有领导能力，但当她听从自己的直觉，为学生说话时，她俨然成为一位领导者。

敏感的人是我们这个世界所需要的领导者，但他们在能够承担这份责任之前，必须学会接受敏感，结束自己的羞耻感。

摆脱羞耻感

当我们和别人谈论敏感的含义时，我们一次又一次地听到："我就是这样的！"许多敏感的人都有自己的故事，这通常与他们的童年有关，比如他们在院子里发现一只小鸟死了，伤心地哭泣；大人反复告诉他们不要反应那么强烈，"要克服这种情绪"。当他们在会议上、聚会中，甚至公共洗手间里给我们讲这些故事时，他们把声音压得很低，生怕别人听到，仿佛他们的经历是不可告人的秘密。许多人为自己的敏感或脆弱感到羞愧。

有羞耻感并不奇怪，正如我们所看到的，"韧性迷思"教导我们，敏感者的天性是应该被改变的。因此，我们可能会质疑自己的行事方式。从需要更长的时间写电子邮件，到工作间隙吃点儿东西以保持血糖水平稳定，我们往往已经形成条件反射，凡事小心翼翼。虽然谨慎没有错，但问题是我们可能觉得自己必须小心隐藏真实本性，免得让人发现。

解决办法就是改变我们在社会环境中看待自己的方式。做出这种改变的一个办法是不再为不值得道歉的事情道歉。敏感者不应该为自己需要休息道歉，不应该为拒绝别人道歉，不应该为提前离开一场刺激过度的活动道歉，不应该为哭泣或感受强烈道歉，不应该为其他与敏感天性有关的需求道歉。虽然距离停止道歉可能有很长一段路要走，但我们现在就可以开始，从你、从我、从所有人开始。我们每个人都可以触发集体心态的转变，使敏感正常化。我们不应该把敏感视为一个令人尴尬的秘密或一系列磕磕绊绊的解释，而应该正视它的真实面目：它是一种正常健康的特质，所有人都有一定程度的敏感。敏感不仅很正常，而且可以给我们带来自豪感，成为我们珍爱自己的一个原因。

就像有些人天生就有运动细胞、天生就很健谈、天生长得高一样，有些人天生就比较敏感。这不需要什么改变，我们的本性如此。有了这种心态，你就不用再为自己可能无法像别人那样处理事情而找借口或自责了。（如果你总是找借口或自责，其他人更有可能将敏感视为一种缺陷。）相反，你可以将敏感视为自己最大的优势（事实如此），而这种态度将帮助其他人跟随你的步伐。要知道，敏感很健康，与基因有关，甚至是一种天赋。

现在，问题来了，你怎样才能改变自己对敏感的看法？怎样才能转变思想，不再把它视为缺点，而是把它看作优势呢？

了解（甚至可以记住）自己优势的力量

从传统上讲，公司、学校和其他场合都偏爱那些没有表现出敏感特质的人。不过，这只是因为社会忽略了敏感者可以发光发热的地方，比如需要深入思考、同理心、理解、直觉和与他人和谐相处的情况。我们的社会在这方面做得还不够，对每个人而言都是如此。感受很重要，一直都很重要。更重要的是，要能够认识到这些感受是合理的，能够表达它们，并且知道它们会被承认和倾听。这些软技能在社会上十分稀缺，而敏感者可以轻松填补这个空白。感受他人的情绪，利用我们的同理心理解他人，是我们的天性。深入思考并提供意想不到的新解决方案，也是我们的天性。

一定要清楚你能带来的好处。花点儿时间写一份清单，列出哪些与敏感有关的特质帮助了你或他人。然后，在和别人聊天或谈及敏感时，牢记这份清单。如果你需要一定的灵感，下面这些与敏感有关的特质确实起过积极的作用。（记住，这不是在吹牛，而是积极的自我对话。）

- "在我的帮助下，周围的人感到有人听他们倾诉，有人理解他们。"
- "我可以捕捉别人可能会错过的重要细节，无论是在工作中、人际关系中，还是在生活的其他方面。"
- "我可以很快察觉自己精力不足或体力不支，这能帮助我避免别人可能遇到的崩溃临界点。"

- "我的思想不会停留在表面。我既能着眼于大局，也能照顾到细枝末节，我会不断深入思考，直到有突破性的进展。这种思考的深度能帮助我想出别人想不到的解决方案。"

- "我对事物的感受十分强烈，所以我做的任何事情或创作的任何作品都带有这种强度，它渗透我的价值观、兴趣、工作、艺术、人际关系等方面。"

- "我很容易哭（或者以其他方式表现出强烈的情绪），因为我很容易被生活感动。并不是所有人都能像我一样感受到生活的美。"

- "有些看似无关的信息，我却可以看到其中的关联。当我顺藤摸瓜时，我可以很容易发现其他人没有想到的事实。这种能力赋予了我创造力，通过勤加练习，我会变得更加睿智。"

- "我倾向于向前看，从各个角度进行思考，比别人思考得更多。这种倾向能帮助我避免出错，在小问题变成大问题之前发现它们。总体来说，我会在生活中做好更充分的准备。"

- "我的直觉会为我指明前进的道路。我经常能够发现一个独特的方法，可以用来解决一个问题或完成一个目标。我的洞察力、建议和领导力也使别人受益，因为我观察问题的视角是那些不太敏感的人所想不到的。"

- "因为同理心，我会考虑其他人的需求和想法。我还会因此做出更多符合伦理道德、有同情心的无私决定。我很容易区分对与错、真与假、健康与不健康。"

创造了"高敏感人群"一词的研究人员伊莱恩·阿伦是这样说的："你生来就属于顾问和思想家，是社会的精神领袖和道德领袖。你有充分的理由感到自豪。"[23]

练习接受自己的敏感

一定要在一天当中关注敏感的优势。即使你发现自己因为敏感而感到沮丧，比如你在做完各种跑腿的活儿后精疲力竭，也要在心里提醒自己停下来，重新规划。你要促使大脑注意当前局面的积极一面。你可以这样想："我很感激我有自我意识，能够意识到自己累了，需要回家。""由于敏感，我看到了身边的美，比如日落时分五彩斑斓的天空。"

这种改变不是一蹴而就的。事实上，可能需要几个月甚至几年的时间，你才能接受自己的敏感。但没有关系，过渡期长很正常！你已经用了那么多年练习如何面对这个不怎么理解敏感的社会。给自己一点儿时间，从小事开始，以舒服的方式说出自己是敏感的人。如此一来，你将为所有敏感者铺平道路，包括现在和将来的人，让他们接受自己的真实面貌，做出世界所需要的改变。

如何谈及敏感，别人才会倾听

除了认识到自己作为敏感者的优势，你还要改变自己谈论敏感的方式。从某种程度上说，你可以将其视为一项公关工作，但你做得更为深入。你是在诚实地表现自己真实的一面；你正在为自己的敏感负责；你表现的方式自信、清晰、不容置喙。下面举了几个例子，你可以在生活中这样向别人解释敏感。

- "在心理学上，敏感意味着你会深度处理自己的经历和所处的环境。我就是这样的。敏感会给你带来很多天赋，但同时也有不少挑战。这两点我都经历了，而且我为此感到自豪。"
- "我不希望改变我的敏感天性。它是件好事，我绝不会放弃。"
- "你知道，我是一个非常敏感的人，我觉得这是我最好的一项品质。这就是我有创造力／有理想／工作能力强／理解别人的原因。我希望更多的人可以接受敏感。"
- "近1/3的人天生就比较敏感，无论是在情感上还是身体上。这是因为我们的大脑生来就会更深入地处理信息。大体上说，我们对事物的思考时间更长，感觉更强烈，而且我们会建立其他人所忽略的联系。虽然敏感经常被人误解，但这是一种健康的特质。"

你可能会发现很难向不太敏感的人解释敏感，因为他们的生活方式和你的不同，他们不像你那样理解别人，也不像你那样会被放大感觉。通常情况下，关于敏感的误解会成为你的阻碍，包括敏感的人是什么样或不是什么样的。布列塔尼·布朗特是一位敏感的心理健康作家，她希望不太敏感的父亲能够理解她的体会。她在"敏感避难所"上写道："我父亲和我们大多数人一样，从小就被告知敏感是软弱的表现，应该克服。解释高度敏感的一个最大挑战是首次让别人觉得它可能是一种优势，和我们从小受到的教育不同。"[24] 布列塔尼尝试几次都失败了，最后她用父亲最喜欢的超级英雄做了类比：

你知道超人在很远的地方就能听到针掉在地上的声音吧？高度敏感就像是拥有超级英雄的感官，但没有他的速度或飞行能力……如果你是高度敏感的人，你所经历的一切都会被放大。你会注意到最微小的变化。很小的声音，比如时钟的嘀嗒声，在你听来都更为响亮。一个人身上的香水味，别人会觉得很好闻，而你闻到的香味可能是他们的三倍，因此可能感到反胃。当我与人交谈时，有时候他们不用说出口，我也知道他们心里是怎么想的。我不会读心术，但如果别人对我说谎，或假装高兴，我都知道。我可以透过人们的面具，看到他们的意图、他们的心、他们的恐惧。我不知道自己是怎么知道这一切的，但我就是知道。[25]

一开始，父亲一句话也没有说，但布列塔尼注意到他的姿势略有变化——他在思考她说的话。过了一会儿，父亲抬头看着她，慢慢地点了点头。"我相信你说的话。"他说。[26] 父亲终于认可了她的这个重要特质，她等这一天太久了。

"你太敏感了"这句话会导致煤气灯效应

接受敏感还有重要的一步，那就是认识到"你太敏感了"这句指责的真实意义。这句话会导致煤气灯效应。通过这种操纵模式，对方试图让你怀疑自己和你所处的现实，从而使你按照他们的说法看待事物。"煤气灯效应"一词源自 1938 年的英国戏剧《煤气灯下》。[27] 剧中，一个虚伪的丈夫让妻子相信她出现了幻觉，比如阁楼里的声音和煤气灯越来越暗，结果把她逼疯了。丈夫做这一切的目的是谋取妻子娘家的财产。下面还有一些常见的说法，被用来操控敏感的人：

- "你反应过度了。"
- "你需要坚强一些。"
- "你需要脸皮再厚一点儿。"
- "你为什么不能放手呢？"
- "你把一切都看得太重了。"

如果这些话是童年时你的父母或其他照顾你的大人对你说的，

那么它们可能伤害性极大。你甚至可能已经相信，敏感程度有对错之分。因此，你可能很多年因为自己如此敏感或容易受伤而感到羞愧。如果是朋友、伴侣或同事说这些话，你同样会受到伤害。《你生活中的自恋者》一书的作者朱莉·L. 霍尔解释说，当你受到伤害时，对你说你反应过度是自恋者和其他施虐者最常用的心理操纵手段。[28] 他们这样说是为了贬低你，否定你的感受，这样他们就不必为自己所说的话或所做的事造成的伤害负责。通过"你反应过度了"这句话，自恋者把你说成不理智或过于情绪化的那个人。如果他们能让你怀疑自己——"也许他们是对的，也许那些话并不残忍，只是我太敏感了"——那么，你就会接受他们的虐待。但自恋者往往是过度敏感和情绪失调的人。当他们告诉你"你太敏感了"时，他们其实是在用一种典型的投射方式：他们把自己的感受归因到你的身上。

当然，说这些话的人并非都是自恋者。有些人可能误以为他们指出了你还被蒙在鼓里的事情，是在帮你。不管这个人的意图是什么，这些话都很伤人——它们绝对不应该说给任何敏感的人（或其他人）听。当有人说你太敏感时，你可以有如下几种做法。

■ 不要上钩。霍尔说，当别人说这些话时，你很容易为自己辩护或反过来说他们，特别是对方这样针对你已经很长时间了。[29] 然而，这样做通常只会使冲突升级，而不是平息怒火，所以如果你能克制自己的情绪，那是最好的。你可以把这句话扔回去，从而给对话营造一些空间。"我听到你说的话了。所以，你的意思是，你认为我太敏感了，是这样吗？"

- 专注于敏感带来的天赋。你可以这样说："我正慢慢喜欢上我的敏感天性。事实上，我认为这是我最大的优势之一。""我喜欢我的敏感，我觉得我的敏感程度恰到好处。"给对方讲几个故事或举几个例子，说一说你的敏感如何在生活中或在人际关系中使你受益。

- 可以考虑少接触或不接触此人。如果对方不明白你的意思，还继续用敏感来评判或贬低你，那么你的生活中可能不需要这样的人。随着时间的推移，煤气灯效应会侵蚀你的自我形象，让你质疑自己，因为自己的敏感感到难过。相反，健康的关系通常会给你带来舒服的感觉。如果可能，减少与这个人相处的时间（或完全不往来）；如果不可能（也许你们一起工作或共同抚养孩子），那么在你们的交往中设定界限。

- 关注自己。要记住，实施心理操纵的人希望你怀疑自己的感觉和体会，这样他们就可以继续控制和虐待你。他们的目标往往是那些已经习惯不相信自己的人，比如向自己设定的边界妥协，降低自尊，感觉与自己的身体或情感脱节。敏感的人有很强的直觉，但正如我们所看到的，他们往往习惯于怀疑自己的直觉，因为"韧性迷思"说情感是脆弱的。你要检查自己设定的界限是否需要加固。倾听并验证你的感受和直觉。要知道，所有感受都是合理的。如果你不开心，你有自己的理由。如果你受到自恋者的精神虐待，那你可以向治疗师寻求帮助，并了解这种虐待可能会给你造成的创伤。

■ 培养健康的关系。如果对方真的关心你，他们就不会忽视或否定你的情绪，即使这些情绪让他们感到不舒服。对你来说合适的人不仅会容忍你的敏感，而且会接受并珍惜它，把它视为你的一个重要部分。

人人受益的敏感革命

当我们接受敏感，选择"敏感之道"而非"韧性迷思"时，我们就在社会的各个层面播下了革命的种子。在学校里，遵循"敏感之道"意味着提供安静的空间，让学生能够减压，而不是每时每刻都被刺激围绕。校长和班主任要学习温和的管束方法，并授权家长在学校为他们敏感的孩子进行宣传。老师要教导孩子，敏感没有错，花更长的时间来完成一些事情是可以的。不要告诉孩子"男孩从来不哭"，而是告诉他们所有情绪都是正常和健康的，表达这些情绪是做人的一部分。我们要将有关社会和情感发展的课程纳入每所学校，学生可以学习强大的心理健康行为模式，并能掌控自己的幸福感。这些改变不仅有利于最敏感的人，还会为每个孩子带来更加光明的未来。

在工作场所，"敏感之道"会提升那些被低估的人。在招聘和晋升过程中，要重视情商等"软技能"。同样，要培训管理者重视员工的情感需求，同时要有同理心。"敏感之道"意味着不要总说要坚强，不要总是让大家拼命干活儿，不要总说要进步，不要总说要比旁边的人做得更"好"。对真正想要蓬勃发展的企业来说，要营造有利于员工心理健康和工作效率的物理环境和情感环境，投资于长期效果。当然，如果这些建议听起来要求很高，公司可以选择一条捷径：让敏感者担任领导者，然后看着问题自然解决。

这种方法还可以用到我们的个人生活中。"敏感之道"再次把重点放在人与人之间有意义的健康交往上。喧闹的聚会、音乐会和联谊活动不再是社交仅有的方式，安静的场所和更亲密的体验也是被接受的。"敏感之道"还鼓励所有人尊重自己的极限，把自己的精神健康和情感健康放在第一位。它创造了一种文化，那就是你可以拒绝邀请，待在家里缓解压力，也可以提前离开活动，这都是可以接受的，不会有人唠唠叨叨地问个不停。"我需要一些休息时间"或"我需要一些时间来考虑"这样的话不会再招来恶意或评判。

想象一下，"敏感之道"会如何改变我们当前的政治体系。我们可以进行更多充满同理心的讨论，而不是对"另一方"大喊大叫，随意谩骂，或把那些与我们想法不一样的人妖魔化。如果我们接受人们可以对他人的需求和情感保持敏感，甚至是那些与我们政见不同的人，那么，我们面对政治问题时就可以打开耳朵而不是关闭心门。我们会将彼此视为同胞，而不是对手。那个大吵大闹、最能引起公愤的候选人将不再使新闻黯然失色。

在我们这个节奏太快、纷繁喧嚣的世界，我们必须指望敏感的人，因为他们有东西可以传授我们。他们让我们明白了放慢脚步的价值、建立亲密关系的价值、在我们的平凡生活中创造意义的价值。不仅如此，敏感的人还是我们需要的富有同理心的领导者。他们是最有能力帮助我们消除某些社会毒瘤的人。

作家库尔特·冯内古特说过，世界需要敏感的艺术家，因为他们仿佛人类的"金丝雀"——过去人们曾将对有毒气体敏感的金丝雀带进矿山内部，它们在更强壮的金丝雀意识到危险存在之前便会倒下。[30] 不过，我们更愿意以另外一种方式看待敏感的人。毕竟，金丝雀被关在笼子里，它们在传递信息的同时会牺牲自己。敏感的人已经受够了这种工作。现在是时候打开禁锢敏感者太久的笼子了。我们不应该把敏感看作弱点，而应该看到它的真实面目——它实际上是一种优势。现在，我们应该展开双臂，拥抱敏感和它所能带来的一切。

致　谢

　　感谢我们的经纪人托德·舒斯特，他强大睿智，满足了当作家的最佳盟友的所有条件。谢谢你对我们这本书有信心。感谢与托德合作的出色的经纪人乔治娅·弗朗西斯·金，还有爱维塔斯经纪公司的整个团队。谢谢你们，是你们陪伴我们渡过了一个个难关，并始终相信我们。

　　感谢马尼·科克伦，对作家来说，你是最棒的编辑。你提供了无数的创意，丰富了图书的情节，并做了大量改写。你始终相信我们这本书会越写越好。因为你的洞察力和耐心，我们作品的质量一次又一次得到提升。谢谢你。

　　感谢戴安娜·巴罗尼，虽然我们仅仅交谈过一次，但正是你的话让我们确信，企鹅兰登书屋旗下和谐书局就是我们的家园。你从一开始就理解我们对这本书的愿景。

　　感谢和谐书局的所有人，我们知道你们为使本书臻于完美花费了大量时间。谢谢你们。

感谢莉迪娅·亚迪和企鹅兰登书屋的团队，正是与你们的合作使本书能够符合全球读者的口味。

感谢雷切尔·利夫西和杰夫·利森，当本书还只是白板上的一个想法时，你们就看到了它的潜力。谢谢你们的引领和指导。

感谢人称"高敏感人群教母"的伊莱恩·阿伦，这个头衔实至名归。如果没有你多年来的研究、远见和辛勤工作，本书根本不会存在。

感谢迈克尔·普吕斯，谢谢你为我们抽出那么多时间，谢谢你愿意回答我们一个又一个问题，谢谢你和我们分享你的研究与见解。还要感谢你所做的工作，是你向世界展示了敏感的积极一面。

感谢卡尔·纽波特、保罗·吉尔伯特、罗恩·西格尔、拉里萨·格勒里斯、汤姆林·珀金斯·科吉歇尔、琳达·西尔弗曼、莎伦·马丁、朱莉·比耶兰、布莱恩·约翰斯顿、艾丽西亚·戴维斯、布鲁克·尼尔森、雷切尔·霍恩、布雷特·德弗罗、迪米特里·范德林登、苏珊娜·欧莱特、康拉多·西尔瓦·米兰达、阿宁蒂塔·巴尔斯列夫，以及其他向我们提供专业知识和见解的人。我们无法将你们的话全部誊录下来，但你们都为塑造和改进本书做出了贡献。感谢你们愿意为我们抽出时间，与我们分享你们的智慧。

感谢 B. T. 纽伯格，没有哪位作者能拥有比你更出色的研究助理了。你深入研究的能力——有时还能推倒重来——帮助我们走向令人兴奋的新方向。

感谢值得信赖的写作助理劳伦·瓦尔科，谢谢你在如此短的时间内帮助我们勾勒出大纲，并想出这么多好点子。

感谢克里斯蒂娜·乌茨，谢谢你成为我们的第二双眼睛，让我们混乱的思绪变得清晰。

感谢我们作家小组的成员：伊丽莎白、保罗、约翰。我们的手稿你们读了多少了？你们觉得本书能写出来吗？谢谢你们，不仅是因为你们的反馈和建议，还因为你们花费的大量时间，以及给予我们的无限鼓励。

感谢我们在"敏感避难所"网站和"亲爱的内向者"播客的团队，谢谢你们在我们专注写书的时候保持我们这艘大船的前进方向。你们做得很好。

感谢"敏感避难所"脸书小组的成员，谢谢你们愿意与我们分享你们的个人想法和经历，本书的"真心话"部分都来自你们的肺腑之言。我们相信你们的话将成为其他敏感者的指路明灯。我们唯一的遗憾是没能在书中加入更多这方面的内容。

感谢埃米、阿加塔、马修、特伦特、南希、保罗和伊丽莎白，你们是我们的试读人，谢谢你们贡献了那么多有益的见解和建议。

感谢道恩，谢谢你创造了一个作家、编辑和出版商可以相互了解的空间。还有戴维，感谢你在那个空间里发现了我们这两个敏感而笨拙的人，并把我们当成你的朋友。没有你们二人，本书就不会面世。

感谢达里尔，谢谢你在我们压力很大时关心我们，让我们内心恢复平静。

感谢阿波罗，在这本书写到一半时，你在一个雪天出生了。你不停地打乱我们写书的努力，但这些干扰是值得的。我们爱你，儿子。

感谢詹恩的父母，玛姬和史蒂夫·格兰尼曼，是你们在我们睡眠不足，需要专心写作时照顾了小阿波罗。谢谢你们。

来自詹恩的话：

感谢妈妈，谢谢你总是鼓励我不要担心自己敏感，甚至在我还不会握笔的时候就把我的趣事记录下来。

感谢爸爸，谢谢你鼓励我学习科学，这为我的写作生涯奠定了基础。这一切都始于你从工作中带回来的那些培养皿，还有用拭子在邻居家小猫小狗的嘴里提取样本的经历。

感谢我的朋友们，安伯、埃米、贝瑟尼和道恩，谢谢你们听我发泄，陪我度过撰写本书最难的时刻。现在，我们一起去喝一杯吧。

再次感谢伊莱恩·阿伦。多年前，当我读完你的《高敏感的人》一书后，我哭了，因为我终于深刻地了解了自己。你的书改变了我的生活，带领我走上了接受敏感的道路。感谢你为敏感者所做的一切。

感谢所有在我小时候鼓励我写作的老师和其他大人。谢谢你们相信我这个小女孩的梦想。

感谢我的猫咪玛蒂和科尔姆斯，在我撰写本书期间，你们离我而去。你们在一周内相继去世，这证实了我一直以来的想法：你们注定要在一起。我很想念你们。

感谢所有在我准备撰写本书时与我分享个人故事的敏感者（而且常常是小声诉说）。谢谢你们愿意敞开心扉，让我窥探你们的生活。我希望有一天，我们这些敏感的人不再觉得需要窃窃私语。

来自安德烈的话：

虽然感谢父母有些老套，但你们太值得感谢了。爸爸，你曾经这样描述我们的关系：你是机械师，你的儿子是诗人。爸爸，你对这位诗人很公平。你可能不记得了，当你发现我想成为一名作家时，你给我买了一本有着蓝色封面的书，是布兰达·尤兰的《如果你想写作》。那本书与我之前看的书完全不一样，它打通了我的任督二脉。我在书上写满了笔记，重建了思维，并且从未忘记过它。谢谢你，爸爸。

妈妈，是你让我爱上了读书。我很肯定是你最先把写作的种子种在了我的体内。在我小时候，你立了一条规矩，只要我在看书，过了睡觉时间也没关系。妈妈，这条规矩真是太好了。你是英语专业的毕业生，却耐心地阅读一个 12 岁孩子写的蹩脚、粗俗、糟糕透顶的小说。谢谢你，妈妈。

弗雷德里克·多布克，无论你在哪里，对我而言，你都不仅仅是一位老师。你鼓励我，也带给我同样力度的挑战。如果不是你，我不确定自己会不会认真写作。另外，你是对的，我确实喜欢西蒙和加芬克尔。

感谢在我14岁那年给我寄来第一封（也是最亲切的）退稿信的编辑，谢谢你。我现在知道组稿编辑的日程安排有多满，你用心写给我的信永远不会被忘记。

感谢姐姐赞莫，你是一个弟弟能找到的最好的朋友。爸爸妈妈怎么会生下我们这么好的姐弟？

感谢索米亚和厄本。厄本，你是我可以依靠的人，谢谢你，兄弟。索米亚，你总能让我心潮澎湃。我爱你们。

布兰登，感谢你无条件的友谊、关爱和接纳。谢谢你肯听我咆哮。谢谢你的周一笔记，还有其他的一切。谢谢你坚持做你自己。

感谢所有相信我、激励我的人：本、科尔、贝丝、肯、曼达、阿里安娜、"好人"安德里亚、新奥尔良的琥珀和老橡树街作家小组、利兹、辛坦、凯文（我们会建成那个树屋的，对吗？）、布莱克（愿你在天堂安息）、达米安（愿你在困境中得以放松）、所有关注我之前博客的人、伯兰特夫人、莱纳特女士、哈伦贝克夫人、约翰·朗格威、阿伦·斯奈德、约翰·博特曼、马特·兰登、阿里·科恩、在旅途中关心我的心地善良的陌生人，还有恕我愚钝未能记住的帮助过我的人。（杰西卡，我想你是对的，我最后总会成功的。）

感谢所有根本不认为自己敏感的人，你们在我解释我们在写什么时有所停顿，提出一个又一个问题，或者什么也不说，像吃牛排一样咀嚼消化，然后开始看到自己的另一面（有时甚至承认自己敏感）。我也有过同样的经历。你们做得很棒。只要继续保持敏感的自己就好，不管是秘密地还是公开地。

感谢神明，我可以看到你，看到你所做的一切。谢谢你。

致读者：

最后，我们要向"敏感避难所"网站和"亲爱的内向者"播客的读者和粉丝表达谢意。没有你们，本书就不会呈现出现在的样子。你们中的许多人已经读了很多年我们的作品，你们的支持和热情让我们觉得受之有愧。谢谢你们安静而敏感的灵魂。

敏感力速查表

■ 敏感力衡量的是你对世界的感知有多深、反应有多大，包括物理环境和情感环境。你的大脑处理信息的程度越深，你就越敏感。用"反应灵敏"这个词代替"敏感"可能更合适。

■ 敏感是人类的一个基本特质。每个人都有一定程度的敏感，有些人会比其他人更敏感。大约有 30% 的人属于高敏感人群。

■ 敏感既与先天基因有关，也与后天经历有关。如果你很敏感，你可能生来就是如此。你幼年时的经历，不管是得到了大量的支持还是忽视，都可能进一步增加你的敏感度。

■ 如果你很敏感，这是你的一部分。敏感的人不能停止敏感，他们也不应该这样做。相反，世人应该认识到，敏感伴随着许多天赋，比如创造力、深度思考、同理心和对细节的关注。这些特质在科学、商业、艺术、学术、领导力及其他任何提倡敏锐、认真的领域都是优势。

- 敏感的人能够理解人和环境。他们能注意到微妙的感觉、很小的细节，以及其他人会遗漏的变化。他们还能捕捉更多的社交线索和情感线索，所以他们能读懂他人，并有强烈的同理心，甚至对陌生人也是如此。

- 敏感有一个代价，那就是过度刺激。敏感的人在混乱、嘈杂或繁忙的环境中往往会很挣扎，特别是在压力下要以更快的速度完成更多的工作时。因为敏感的大脑会深度处理所有信息，繁忙的环境或日程安排会使其超负荷。

- 虽然社会对敏感存在误解，但它是一种健康的特质。敏感不是病，不需要诊断或治疗，而且与内向、孤独症、感觉处理障碍和创伤无关。

- 敏感的人有一个优势，那就是敏感增强效应。敏感的人更容易受到影响，所以他们从支持、训练和鼓励中得到的东西远远多于不那么敏感的人。这就会引发增强效应，如果条件合适，它可以帮助敏感者快速超过他人，取得更大的成就。

扩展阅读及来源

Elaine Aron's *The Highly Sensitive Person: How to Thrive When the World Overwhelms You* (New York: Carol Publishing Group, 1996).

Tom Falkenstein's *The Highly Sensitive Man: Finding Strength in Sensitivity* (New York: Citadel Press/Kensington Publishing, 2019).

Sharon Martin's *The Better Boundaries Workbook: A CBT-Based Program to Help You Set Limits, Express Your Needs, and Create Healthy Relationships* (Oakland, CA: New Harbinger Publications, 2021).

Our website, Sensitive Refuge, sensitiverefuge.com.

Maureen Gaspari's blog, thehighlysensitivechild.com, which offers advice for parenting sensitive children and includes many free resources and printable checklists and worksheets.

Michael Pluess's website, sensitivityresearch.com, which is dedicated to bringing academic information about sensitivity to the public.

Therapist Julie Bjelland's website, juliebjelland.com, which offers many resources to help sensitive people thrive in life; includes a free blog and podcast as well as paid courses.

April Snow's *Find Your Strength: A Workbook for the Highly Sensitive Person* (New York: Wellfleet Press, 2022).

Brian R. Johnston's *It's Okay to Fail: A Story for Highly Sensitive Children,* self-published, 2018.

Bill Eddy's *It's All Your Fault! 12 Tips for Managing People Who Blame Others for Everything* (High Conflict Institute Press, 2008) and other resources from the High Conflict Institute, highconflictinstitute. com.

Shahida Arabi's *The Highly Sensitive Person's Guide to Dealing with Toxic People: How to Reclaim Your Power from Narcissists and Other Manipulators* (California: New Harbinger Publications, 2020).

Human Improvement Project's Happy Child app, humanimprovement.org/the-happy-child-app, which is not specifically about sensitive people but offers science-backed advice to help any parent create close, healthy bonds with their children.

The Healthy Minds Program app, a free meditation and mindfulness app from neuroscientist Richard Davidson's nonprofit organization, Healthy Minds Innovation, hminnovations.org.

Daniel J. Siegel and Tina Payne Bryson's *The Whole-Brain Child: 12 Revolutionary Strategies to Nurture Your Child's Developing Mind* (New York: Bantam, 2012), which offers great tips to help parents teach their children emotional regulation.

注　释

第一章　敏感：是耻辱还是超能力？

1　Georg Simmel's paper "The Metropolis and Mental Life" has been inter-preted many ways, and he makes many points we didn't include here. For a scholarly overview, see Dietmar Jazbinsek, "The Metropolis and the Mental Life of Georg Simmel," *Journal of Urban History* 30, no. 1 (2003): 102–25, https://doi.org/10.1177/0096144203258342. For a general reader, this summary, which was originally published online by Yale University's Modernism Lab, will do nicely: Matthew Wilsey, "The Metropolis and Mental Life," Campuspress, Yale University, n.d., https://campuspress. yale.edu/modernismlab/the-metropolis-and-mental-life/. For Simmel's entire essay, see Georg Simmel, *The Sociology of Georg Simmel,* trans. Kurt Wolff (New York: Free Press, 1950), 409–24.

2　Simmel, *Sociology of Georg Simmel.*

3　同上。

4　同上。

5　Georg Simmel, "Die Großstädte und das Geistesleben," in *Die Großstadt: Vorträge und Aufsätze zur Städteausstellung*, vol. 9, ed. T. Petermann, independent translation (Dresden: Zahn & Jaensch, 1903), 186–206.

6 Rick Smolan and Jennifer Erwitt, *The Human Face of Big Data* (Sausalito, CA: Against All Odds Productions, 2012); and Susan Karlin, "Earth's Nervous System: Looking at Humanity Through Big Data," *Fast Company,* November 28, 2012, https://www.fastcompany.com/1681986/earth-s-nervous-system-looking-at-humanity-through-big-data.

7 Irfan Ahmad, "How Much Data Is Generated Every Minute? [Infographic]," *Social Media Today,* June 15, 2018, https://www.socialmediatoday.com/news/how-much-data-is-generated-every-minute-infographic-1/525692/.

8 Leo Goldberger and Shlomo Breznitz, *Handbook of Stress,* 2nd ed. (New York: Free Press, 1993).

9 Mariella Frostrup, "I'm Too Sensitive. How Can I Toughen Up?" *Guardian,* January 26, 2014, https://www.theguardian.com/lifeandstyle/2014/jan/26/im-too-sensitive-want-to-toughen-up-mariella-frostrup.

10 "How to Stop Being So Sensitive," *JB Coaches,* February 3, 2020, https://jbcoaches.com/how-to-stop-being-so-sensitive/.

11 Robin Marantz-Henig, "Understanding the Anxious Mind," *New York Times Magazine,* September 29, 2009, https:// www.nytimes.com/2009/10/04/magazine/04anxiety-t.html.

12 Marantz-Henig, "Understanding the Anxious Mind."

13 同上。

14 See, for example, Corina U. Greven, Francesca Lionetti, Charlotte Booth, Elaine N. Aron, Elaine Fox, Haline E. Schendan, Michael Pluess, Hilgo Bruining, Bianca Acevedo, Patricia Bijttebier, and Judith Homberg, "Sensory Processing Sensitivity in the Context of Environmental Sensitivity: A Critical Review and Development of Research Agenda," *Neuroscience & Biobehavioral Reviews* 98 (March 2019), 287-305, https://doi.org/10.1016/j.neubiorev.2019.01.009.

15 Aron coined the term "highly sensitive person" and introduced it to the

general public in her book, *The Highly Sensitive Person: How to Thrive When the World Overwhelms You* (New York: Broadway Books, 1998).

16 Marantz-Henig, "Understanding the Anxious Mind."

17 In adults, for example, see Francesca Lionetti, Arthur Aron, Elaine N. Aron, G. Leonard Burns, Jadzia Jagiellowicz, and Michael Pluess, "Dandelions, Tulips and Orchids: Evidence for the Existence of Low-Sensitive, Medium-Sensitive and High-Sensitive Individuals," *Translational Psychiatry* 8, no. 24 (2018), https://doi.org/10.1038/s41398-017-0090-6. In children, see Michael Pluess, Elham Assary, Francesca Lionetti, Kathryn J. Lester, Eva Krapohl, Elaine N. Aron, and Arthur Aron, "Environmental Sensitivity in Children: Development of the Highly Sensitive Child Scale and Identification of Sensitivity Groups," *Developmental Psychology* 54, no. 1 (2018), 51–70, doi: https://doi.org/10.1037/dev0000406. And for an integrated overview of a large number of studies, see Michael Pluess, Francesca Lionetti, Elaine Aron, and Arthur Aron, "People Differ in Their Sensitivity to the Environment: An Integrated Theory and Empirical Evidence," (2020). 10.31234/osf.io/w53yc.

18 Aron, *Highly Sensitive Person.*

19 Emily Deans, "On the Evolution of the Serotonin Transporter Gene," *Psychology Today,* September 4, 2017, https://www.psychologytoday.com/us/blog/evolutionary-psychiatry/201709/the-evolution-the-serotonin-transporter-gene.

20 S. J. Suomi, "Early Determinants of Behaviour: Evidence from Primate Studies," *British Medical Bulletin* 53, no. 1 (1997): 170–84, doi:10.1093/oxfordjournals.bmb.a011598; and S. J. Suomi, "Up-Tight and Laid-Back Monkeys: Individual Differences in the Response to Social Challenges," in *Plasticity of Development,* edited by S. Brauth, W. Hall, and R. Dooling (Cambridge, MA: MIT, 1991), 27–56.

21 Jonathan P. Roiser, Robert D. Rogers, Lynnette J. Cook, and Barbara J. Sahakian, "The Effect of Polymorphism at the Serotonin Transporter

Gene on Decision-Making, Memory and Executive Function in Ecstasy Users and Controls," *Psychopharmacology* 188, no. 2 (2006): 213–27, https://doi.org/10.1007 /s00213-006-0495-z.

22 M. Wolf, G. S. van Doorn, and F. J. Weissin, "Evolutionary Emergence of Responsive and Unresponsive Personalities," *Proceedings of the National Academy of Sciences* 105, no. 41 (2008): 15,825–30, https://doi.org/10.1073/pnas.0805473105.

23 Ted Zeff and Elaine Aron, *The Power of Sensitivity: Success Stories by Highly Sensitive People Thriving in a Non-Sensitive World* (San Ramon, CA: Prana Publishing, 2015).

24 Zeff, *Power of Sensitivity.*

25 同上。

26 同上。

27 同上。

28 Jadzia Jagiellowicz, Xiaomeng Xu, Arthur Aron, Elaine Aron, Guikang Cao, Tingyong Feng, and Xuchu Weng, "The Trait of Sensory Processing Sensitivity and Neural Responses to Changes in Visual Scenes," *Social Cognitive and Affective Neuroscience* 6, no. 1 (2011): 38–47, https://doi.org/10.1093/scan/nsq001.

29 Jagiellowicz et al., "Sensory Processing Sensitivity."

30 Bianca Acevedo, T. Santander, R. Marhenke, Arthur Aron, and Elaine Aron, "Sensory Processing Sensitivity Predicts Individual Differences in Resting-State Functional Connectivity Associated with Depth of Processing," *Neuropsychobiology* 80 (2021): 185–200, https://doi.org/10.1159/000513527.

31 University of California, Santa Barbara, "The Sensitive Brain at Rest: Research Uncovers Patterns in the Resting Brains of Highly Sensitive People," *ScienceDaily*, May 4, 2021, https://www.sciencedaily.com/releases/2021/05/210504135725.htm.

32 University of California, Santa Barbara, "Sensitive Brain at Rest."

33 Linda Silverman, email correspondence with authors, January 7, 2022.

34 Scott Barry Kaufman, "After the Show: The Many Faces of the Creative Performer," *Scientific American*, June 10, 2013, https://blogs.scientificamerican.com/beautiful-minds/after-the-show-the-many-faces-of-the-creative-performer/.

35 Elaine Aron, "Time Magazine: 'The Power of (Shyness)' and High Sensitivity," *Psychology Today*, February 2, 2012, https://www.psychology-today.com/us/blog/attending-the-undervalued-self/201202/time-magazine-the-power-shyness-and-high-sensitivity.

36 Aron, "Time Magazine."

37 Elaine Aron, "HSPs and Trauma," The Highly Sensitive Person, November 28, 2007, https://hsperson.com/hsps-and-trauma/.

38 Acevedo et al., "Functional Highly Sensitive Brain."

39 Fábio Augusto Cunha, "The Challenges of Being a Highly Sensitive Man," Highly Sensitive Refuge, May 12, 2021, https:// highlysensitiverefuge.com/the-challenges-of-being-a-highly-sensitive-man/.

40 Nell Scovell, "For Any Woman Who's Ever Been Told She's Too 'Emotional' at Work, . . ." Oprah.com, n.d., https://www.oprah.com/inspiration/for-any-woman-whos-ever-been-told-shes-too-emotional-at-work.

41 Scovell, "For Any Woman."

42 Michael Parise, "Being Highly Sensitive and Gay," LGBT Relationship Network, n.d., https://lgbtrelationshipnetwork.org/highly-sensitive-gay/.

43 Kara Mankel, "Does Being a 'Superwoman' Protect African American Women's Health?" *Berkeley News,* September 30, 2019, https:// news.berkeley.edu/2019/09/30/does-being-a-superwoman-protect-african-american-womens-health/.

44 Raneisha Price, "Here's What No One Told Me About Being a Highly Sensitive Black Woman," Highly Sensitive Refuge, October 16, 2020, https://highlysensitiverefuge.com/highly-sensitive-black-woman/.

45 Simmel, *Sociology of Georg Simmel.*

第二章　敏感增强效应

1　Richard Ford, "Richard Ford Reviews Bruce Springsteen's Memoir," *New York Times*, September 22, 2016, https:// www.nytimes.com/2016/09/25/ books/review/bruce-springsteen-born-to-run-richard-ford.html.

2　Bruce Springsteen, "Bruce Springsteen: On Jersey, Masculinity and Wishing to Be His Stage Persona," interview by Terry Gross, *Fresh Air*, NPR, October 5, 2016, https://www.npr.org/2016/10/05/496639696/bruce-springsteen-on-jersey-masculinity-and-wishing-to-be-his-stage-persona.

3　Bruce Springsteen, *Born to Run* (New York: Simon & Schuster, 2017).

4　Joan Y. Chiao and Katherine D. Blizinsky, "Culture-Gene Coevolution of Individualism-Collectivism and the Serotonin Transporter Gene," *Proceedings Biological Sciences* 277, no. 1681 (2010): 529–37, https://doi. org/10.1098/rspb.2009.1650.

5　Chiao and Blizinsky, "Culture-Gene Coevolution."

6　Dean G. Kilpatrick, Karestan C. Koenen, Kenneth J. Ruggiero, Ron Acierno, Sandro Galea, Heidi S. Resnick, John Roitzsch, John Boyle, and Joel Gelernter, "The Serotonin Transporter Genotype and Social Support and Moderation of Posttraumatic Stress Disorder and Depression in Hurricane-Exposed Adults," *American Journal of Psychiatry* 164, no. 11 (2007): 1693–99, https://doi.org/10.1176/appi.ajp.2007.06122007.

7　David Dobbs, "The Depression Map: Genes, Culture, Serotonin, and a Side of Pathogens," *Wired*, September 14, 2010, https://www.wired. com/2010/09/the-depression-map-genes-culture-serotonin-and-a-side-of-pathogens/.

8　Baldwin M. Way and Matthew D. Lieberman, "Is There a Genetic Contribution to Cultural Differences? Collectivism, Individualism and Genetic Markers of Social Sensitivity," *Social Cognitive and Affective Neuroscience* 2–3 (2010): 203–11, https://doi.org/10.1093/scan/nsq059.

9　J. Belsky, C. Jonassaint, Michael Pluess, M. Stanton, B. Brummett, and R. Williams, "Vulnerability Genes or Plasticity Genes?" *Molecular*

Psychiatry 14, no. 8 (2009): 746–54, https:// doi.org/10.1038/mp. 2009.44.

10 Belsky et al., "Vulnerability Genes or Plasticity Genes?"

11 Hanne Listou Grimen and Åge Diseth, "Sensory Processing Sensitivity: Factors of the Highly Sensitive Person Scale and Their Relationships to Personality and Subjective Health Complaints," *Comprehensive Psychology* (2016), https://doi.org/10.1177 /2165222816660077; Michael Pluess, interview with authors via Zoom, November 23, 2021; and Kathy A. Smolewska, Scott B. McCabe, and Erik Z. Woody, "A Psychometric Evaluation of the Highly Sensitive Person Scale: The Components of Sensory-Processing Sensitivity and Their Relation to the BIS/BAS and 'Big Five,' " *Personality and Individual Differences* (2006), https://doi. org/10.1016/j.paid.2005.09.022.

12 Corina U. Greven and Judith R. Hornberg, "Sensory Processing Sensitivity: For Better or Worse? Theory, Evidence, and Societal Implications," ch. 3 in *The Highly Sensitive Brain: Research, Assessment, and Treatment of Sensory Processing Sensitivity,* ed. Bianca Acevedo (San Diego: Academic Press, 2020).

13 Annie Murphy Paul, "How Did 9/11 and the Holocaust Affect Pregnant Women and Their Children?," *Discover Magazine,* October 14, 2010, https://www.discovermagazine.com/health/how-did-9-11-and-the-holocaust-affect-pregnant-women-and-their-children.

14 Annie Murphy Paul, *Origins: How the Nine Months Before Birth Shape the Rest of Our Lives* (New York: Free Press, 2011).

15 Danielle Braff, "Moms Who Were Pregnant During 9/11 Share Their Stories," *Chicago Tribune,* September 7, 2016, https://www.chicagotribune.com/lifestyles/sc-911-moms-family-0906-20160911-story.html.

16 Rachel Yehuda, Stephanie Mulherin Engel, Sarah R. Brand, Jonathan Seckl, Sue M. Marcus, and Gertrud S. Berkowitz, "Transgenerational Effects of Posttraumatic Stress Disorder in Babies of Mothers Exposed

to the World Trade Center Attacks During Pregnancy," *Journal of Clinical Endocrinology & Metabolism* 90, no. 7 (2005): 4115–18, https://doi.org/10.1210/jc.2005-0550.

17 Yehuda et al., "Transgenerational Effects."

18 Yehuda et al., "Transgenerational Effects." https:// www.ncbi.nlm.nih.gov/pmc/articles/PMC2612639/ and https://www.ncbi.nlm.nih.gov/pmc/articles/PMC2612639/.

19 Centers for Disease Control and Prevention, "What Is Epigenetics?," U.S. Department of Health & Human Services, August 3, 2020, https://www.cdc.gov/genomics/disease/epigenetics.htm.

20 Sarah Hartman, Sara M. Freeman, Karen Bales, and Jay Belsky, "Prenatal Stress as a Risk and an Opportunity-Factor," *Psychological Science* 29, no. 4 (2018): 572–80, https://doi.org/10.1177/0956797617739983.

21 Elham Assary, Helena S. Zavos, Eva Krapohl, Robert Keers, and Michael Pluess, "Genetic Architecture of Environmental Sensitivity Reflects Multiple Heritable Components: A Twin Study with Adolescents," *Molecular Psychiatry* 26 (2021): 4896–4904, https://doi.org/10.1038/s41380-020-0783-8.

22 Pluess, interview.

23 Z. Li, M. Sturge-Apple, H. Jones-Gordils, and P. Davies, "Sensory Processing Sensitivity Behavior Moderates the Association Between Environmental Harshness, Unpredictability, and Child Socioemotional Functioning," *Development and Psychopathology* (2022): 1–14, https://doi.org/10.1017/S0954579421001188.

24 Pluess, interview.

25 同上。

26 Michael Pluess and Ilona Boniwell, "Sensory-Processing Sensitivity Predicts Treatment Response to a School-Based Depression Prevention Program: Evidence of Vantage Sensitivity," *Personality and Individual Dif-*

ferences 82 (2015): 40–45, https://doi.org/10.1016/j.paid.2015.03.011.

27　Michael Pluess, Galena Rhoades, Rob Keers, Kayla Knopp, Jay Belsky, Howard Markman, and Scott Stanley, "Genetic Sensitivity Predicts Long-Term Psychological Benefits of a Relationship Education Program for Married Couples," *Journal of Consulting and Clinical Psychology* 90, no. 2 (2022): 195–207, https://doi.org/10.1037/ccp0000715.

28　Grazyna Kochanska, Nazan Aksan, and Mary E. Joy, "Children's Fearfulness as a Moderator of Parenting in Early Socialization: Two Longitudinal Studies," *Developmental Psychology* 43, no. 1 (2007): 222–37, https://doi.org/10.1037/0012-1649.43.1.222.

29　Paul G. Ramchandani, Marinus van IJzendoorn, and Marian J. Bakermans-Kranenburg, "Differential Susceptibility to Fathers' Care and Involvement: The Moderating Effect of Infant Reactivity," *Family Science* 1, no. 2 (2010): 93–101, https://doi.org/10.1080/19424621003599835.

30　Springsteen, *Born to Run.*

31　"World's Highest-Paid Musicians 2014," *Forbes*, December 10, 2014, https://www.forbes.com/pictures/eeel45fdddi/5-bruce-springsteen-81-million/?sh=1f66bd816d71.

32　Springsteen, *Born to Run.*

33　同上。

34　Michael Hainey, "Beneath the Surface of Bruce Springsteen," *Esquire*, November 27, 2018, https://www.esquire.com/entertainment/a25133821/bruce-springsteen-interview-netflix-broadway-2018/.

第三章　敏感者的五大天赋

1　"Being with Jane Goodall," in *The Secret Life of Scientists and Engineers,* season 2015, episode 1, January 12, 2015, PBS, https://www.pbs.org/video/secret-life-scientists-being-jane-goodall/.

2　Allen and Beatrix Gardner, the first scientists to teach a gorilla to use sign language, drew partly on the work of Jane Goodall. See Roger Fouts and Erin McKenna, "Chimpanzees and Sign Language: Darwinian Realities Versus Cartesian Delusions," *Pluralist* 6, no. 3 (2011): 19, https://doi.org/10.5406/pluralist.6.3.0019.

3 Maria Popova, "How a Dream Came True: Young Jane Goodall's Exuberant Letters and Diary Entries from Africa," *Marginalian,* July 14, 2015, https://www.themarginalian.org/2015/07/14/jane-goodall-africa-in-my-blood-letters/.

4 *The Secret Life of Scientists,* "Being with Jane Goodall."

5 同上。

6 Frans de Waal, "Sex, Empathy, Jealousy: How Emotions and Behavior of Other Primates Mirror Our Own," interview by Terry Gross, *Fresh Air,* NPR, March 19, 2019, https://www.npr.org/transcripts/704763681.

7 Karsten Stueber, "Empathy," in *The Stanford Encyclopedia of Philosophy,* ed. Edward N. Zalta, revised June 27, 2019, https://plato.stanford.edu/archives/fall2019/entries/empathy/; and Gustav Jahoda, "Theodor Lipps and the Shift from 'Sympathy' to 'Empathy?,' " *Journal of the History of the Behavioral Sciences* 41, no. 2 (2005): 151–63, https://doi.org/10.1002/jhbs.20080.

8 Helen Riess, "The Science of Empathy," *Journal of Patient Experience* 4, no. 2 (2017): 74–77, https://doi.org/10.1177/2374373517699267; and V. Warrier, R. Toro, B. Chakrabarti, et al., "Genome-Wide Analyses of Self-Reported Empathy: Correlations with Autism, Schizophrenia, and Anorexia Nervosa," *Translational Psychiatry* 8, no. 35 (2018), https://doi.org/10.1038/s41398-017-0082-6.

9 Riess, "Science of Empathy"; F. Diane Barth, "Can Empathy Be Taught?," *Psychology Today,* October 18, 2018, https://www.psychology-today.com/us/blog/the-couch/201810/can-empathy-be-taught; and Vivian Manning-Schaffel, "What Is Empathy and How Do You Cultivate It?," *NBC News,* May 29, 2018, https://www.nbcnews.com/better/pop-culture/

can-empathy-be-taught-ncna878211.

10　Bianca Acevedo, T. Santander, R. Marhenke, Arthur Aron, and Elaine Aron, "Sensory Processing Sensitivity Predicts Individual Differences in Resting-State Functional Connectivity Associated with Depth of Processing," *Neuropsychobiology* 80 (2021): 185–200, https://doi.org/10.1159/000513527.

11　*The Secret Life of Scientists*, "Being with Jane Goodall."

12　Abigail Marsh, "Abigail Marsh: Are We Wired to Be Altruistic?" interview by Guy Raz, *TED Radio Hour,* NPR, May 26, 2017, https://www.npr.org/transcripts/529957471; and Abigail Marsh, "Why Some People Are More Altruistic Than Others," video, TEDSummit, June 2016, https://www.ted.com/talks/abigail_marsh_why_some_people_are_more_altruistic_than_others?language=en.

13　Kristen Milstead, "New Research May Support the Existence of Empaths," *PsychCentral,* July 30, 2018, https:// psychcentral.com/blog/new-research-may-support-the-existence-of-empaths#1.

14　Marsh, "Are We Wired to Be Altruistic?"; and Marsh, "Why Some People Are More Altruistic."

15　Simon Baron-Cohen, *The Science of Evil: On Empathy and the Origins of Cruelty* (New York: Basic Books, 2012), ch. 3.

16　Tori DeAngelis, "A Broader View of Psychopathy: New Findings Show That People with Psychopathy Have Varying Degrees and Types of the Condition," *American Psychological Association* 53, no. 2 (2022): 46, https://www.apa.org/monitor/2022/03/ce-corner-psychopathy.

17　Kent A. Kiehl and Morris B Hoffman, "The Criminal Psychopath: History, Neuroscience, Treatment, and Economics," *Jurimetrics* 51 (2011): 355–97; and Wynne Parry, "How to Spot Psychopaths: Speech Patterns Give Them Away," *Live Science,* October 20, 2011, https://www.livescience.com/16585-psychopaths-speech-language.html.

18　Paul R. Ehrlich and Robert E Ornstein, *Humanity on a Tightrope:*

Thoughts on Empathy, Family and Big Changes for a Viable Future
(Lanham, MD: Rowman & Littlefield, 2010).

19   Claire Cain Miller, "How to Be More Empathetic,"*New York Times*, n.d.,
https://www.nytimes.com/guides/year-of-living-better/how-to-be-more-
empathetic.

20   Adam Smith, *The Theory of Moral Sentiments,* ed. D. D. Raphael and
A. L. Macfie (Indianapolis: Liberty Fund, 1982), part I, section I, chap-
ters III–V, https://www.econlib.org/library/Smith/smMS.html?chapter_
num=2#book-reader; and Stueber, "Empathy."

21   David Hume, *A Treatise of Human Nature* (Oxford: Oxford University
Press, 1978), 365.

22   Daniel B. Klein, "Dissing the Theory of Moral Sentiments: Twenty-Six
Critics, from 1765 to 1949," *Econ Journal Watch* 15, no. 2 (2018):
201–54, https://econjwatch.org/articles/dissing-the-theory-of-moral-sen-
timents-twenty-six-critics-from-1765-to-1949.

23   Lynne L. Kiesling, "Mirror Neuron Research and Adam Smith's Con-
cept of Sympathy: Three Points of Correspondence," *Review of Austrian
Economics* (2012), https://doi.org/10.2139/ssrn.1687343.

24   Kiesling, "Mirror Neuron Research"; and Antonella Corradini and Ales-
sandro Antonietti, "Mirror Neurons and Their Function in Cognitively
Understood Empathy," *Consciousness and Cognition* 22, no. 3 (2013):
1152–61, https://doi.org/10.1016/j.concog.2013.03.003.

25   Valeria Gazzola, Lisa Aziz-Zadeh, and Christian Keysers, "Empathy and
the Somatotopic Auditory Mirror System in Humans," *Current Biology*
16, no. 18 (2006): 1824–29, https:// doi.org/10.1016/j.cub.2006.07.072;
and Mbema Jabbi, Marte Swart, and Christian Keysers, "Empathy
for Positive and Negative Emotions in the Gustatory Cortex," *Neuro-
Image* 34, no. 4 (2007): 1744–53, https://doi.org/10.1016/j.neuroim-
age.2006.10.032.

26   Bianca P. Acevedo, Elaine N. Aron, Arthur Aron, Matthew-Donald

Sangster, Nancy Collins, and Lucy L. Brown, "The Highly Sensitive Brain: An fMRI Study of Sensory Processing Sensitivity and Response to Others' Emotions," *Brain and Behavior* 4, no. 4 (2014): 580–94, https://doi.org/10.1002/brb3.242.

27 Corradini and Antonietti, "Mirror Neurons."

28 Paula M. Niedenthal, Lawrence W. Barsalou, Piotr Winkielman, Silvia Krauth-Gruber, and François Ric, "Embodiment in Attitudes, Social Perception, and Emotion," *Personality and Social Psychology Review* 9, no. 3 (2005): 184–211, https://doi.org/10.1207/s15327957pspr0903_1.

29 Abigail Marsh, "Neural, Cognitive, and Evolutionary Foundations of Human Altruism," *Wiley Interdisciplinary Reviews: Cognitive Science* 7, no. 1 (2015): 59–71, https://doi.org/10.1002/wcs.1377; Marsh, "Why Some People Are More Altruistic."

30 See, for example, Patricia L. Lockwood, Ana Seara-Cardoso, and Essi Viding, "Emotion Regulation Moderates the Association Between Empathy and Prosocial Behavior," *PLoS ONE* 9, no. 5 (2014): e96555, https://doi.org/10.1371/journal.pone.0096555; Jean Decety and William Ickes, "Empathy, Morality, and Social Convention," in *The Social Neuroscience of Empathy*, ed. Jean Decety and William Ickes (Cambridge, MA: MIT Press, 2009); Baron-Cohen, *Science of Evil*; and Leigh Hopper, "Mirror Neuron Activity Predicts People's Decision-Making in Moral Dilemmas, UCLA Study Finds," University of California, Los Angeles, January 4, 2018, https://newsroom.ucla.edu/releases/mirror-neurons-in-brain-nature-of-morality-iacoboni.

31 Ari Kohen, Matt Langdon, and Brian R. Riches, "The Making of a Hero: Cultivating Empathy, Altruism, and Heroic Imagination," *Journal of Humanistic Psychology* 59, no. 4 (2017): 617–33, https://doi.org/10.1177/0022167817708064.

32 Lucio Russo, *The Forgotten Revolution: How Science Was Born in 300*

BC and Why It Had to Be Reborn (New York: Springer, 2004).

33 Baron-Cohen, *Science of Evil*, 194.

34 Nina V. Volf, Alexander V. Kulikov, Cyril U. Bortsov, and Nina K.
    Popova, "Association of Verbal and Figural Creative Achievement
    with Polymorphism in the Human Serotonin Transporter Gene," *Neu-
    roscience Letters* 463, no. 2 (2009): 154–57, https://doi.org/10.1016/
    j.neulet.2009.07.070.

35 Maria Popova, "The Role of 'Ripeness' in Creativity and Discovery:
    Arthur Koestler's Seminal 1964 Theory of the Creative Process," *Mar-
    ginalian,* August 8, 2012, https:// www.themarginalian.org/2012/08/08/
    koestler-the-act-of-creation/; Maria Popova, "How Creativity in Humor,
    Art, and Science Works: Arthur Koestler's Theory of Bisociation," *Mar-
    ginalian,* May 20, 2013, https://www.themarginalian.org/2013/05/20/
    arthur-koestler-creativity-bisociation/; and Brian Birdsell, "Creative
    Cognition: Conceptual Blending and Expansion in a Generative Exem-
    plar Task," *IAFOR Journal of Psychology & the Behavioral Sciences* 5,
    SI (2019): 43–62, https://doi.org/10.22492/ijpbs.5.si.03.

36 "Carl Sagan, *Carl Sagan's Cosmic Connection: An Extraterrestrial Per-
    spective* (Cambridge: Cambridge University Press, 2000), 190.

37 Wikipedia, s.v. "Arthur Koestler," updated June 21, 2020, https://
    en.wikipedia.org/wiki/Arthur_Koestler.

38 Kawter, "Heroic Wife Brings Husband back to Life One Hour after His
    'Death,' " *Goalcast,* August 5, 2020, https://www.goalcast.com/wife-
    brings-husband-back-to-life-one-hour-after-his-death/.

39 National Research Council, *Tactical Display for Soldiers: Human Fac-
    tors Considerations* (Washington, DC: National Academies Press, 1997).

40 Mica R. Endsley, "Situation Awareness and Human Error: Designing to
    Support Human Performance," paper presented at the Proceedings of
    the High Consequence Systems Surety Conference, Albuquerque, NM,
    1999. https://www.researchgate.net/publication/252848339_Situation_

Awareness_and_Human_Error_Designing_to_Support_Human_Performance.

41 Maggie Kirkwood, "Designing for Situation Awareness in the Main Control Room of a Small Modular Reactor," *Proceedings of the Human Factors and Ergonomics Society Annual Meeting* 63, no. 1 (2019): 2185–89, https://doi.org/10.1177/1071181319631154.

42 T. F. Sanquist, B. R. Brisbois, and M. P. Baucum, "Attention and Situational Awareness in First Responder Operations Guidance for the Design and Use of Wearable and Mobile Technologies," report prepared for the U.S. Department of Energy, Richland, WA, 2016.

43 Endsley, "Situation Awareness and Human Error."

44 Jeanne M. Farnan, "Situational Awareness and Patient Safety," Patient Safety Network, April 1, 2016, https://psnet.ahrq.gov/web-mm/situational-awareness-and-patient-safety.

45 Craig Pulling, Philip Kearney, David Eldridge, and Matt Dicks, "Football Coaches' Perceptions of the Introduction, Delivery and Evaluation of Visual Exploratory Activity," *Psychology of Sport and Exercise* 39 (2018): 81–89, https://doi.org/10.1016/j.psychsport.2018.08.001.

46 Wikipedia, s.v. "Wayne Gretzky," updated March 19, 2019, https://en.wikipedia.org/wiki/Wayne_Gretzky.

47 Wikipedia, s.v. "Wayne Gretzky."

48 同上。

49 Wikipedia, s.v. "Tom Brady," updated February 25, 2019, https://en.wikipedia.org/wiki/Tom_Brady.

50 TeaMoe Oliver, "Tom Brady Cried on National Television, and That's Why He's Great," *Bleacher Report,* April 12, 2011, https://bleacherreport.com/articles/659535-tom-brady-cried-on-national-television-and-thats-why-hes-great.

51 H. P. Jedema, P. J. Gianaros, P. J. Greer, D. D. Kerr, S. Liu, J. D. Higley, S. J. Suomi, A. S. Olsen, J. N. Porter, B. J. Lopresti, A. R. Hariri, and C.

W. Bradberry, "Cognitive Impact of Genetic Variation of the Serotonin Transporter in Primates Is Associated with Differences in Brain Morphology Rather Than Serotonin Neurotransmission," *Molecular Psychiatry* 15, no. 5 (2009): 512–22, https://doi.org/10.1038/mp.2009.90.

52   R. M. Todd, M. R. Ehlers, D. J. Muller, A. Robertson, D. J. Palombo, N. Freeman, B. Levine, and A. K. Anderson, "Neurogenetic Variations in Norepinephrine Availability Enhance Perceptual Vividness," *Journal of Neuroscience* 35, no. 16 (2015): 6506–16, https://doi.org/10.1523/jneurosci.4489-14.2015.

53   Sharon Lind, "Overexcitability and the Gifted," SENG—Supporting Emotional Needs of the Gifted, September 14, 2011, https://www.sengifted.org/post/overexcitability-and-the-gifted.

54   Lind, "Overexcitability and the Gifted"; D. R. Gere, S. C. Capps, D. W. Mitchell, and E. Grubbs, "Sensory Sensitivities of Gifted Children," *American Journal of Occupational Therapy* 63, no. 3 (2009): 288–95, https://doi.org/10.5014/ajot.63.3.288; and Linda Silverman, "What We Have Learned About Gifted Children 1979–2009," report prepared by the Gifted Development Center, 2009, https://www.gifteddevelopment.org/s/What-We-Have-Learned-2009.pdf.

55   Jennifer M. Talarico, Kevin S. LaBar, and David C. Rubin, "Emotional Intensity Predicts Autobiographical Memory Experience," *Memory & Cognition* 32, no. 7 (2004): 1118–32, https://doi.org/10.3758/bf03196886; and Olga Megalakaki, Ugo Ballenghein, and Thierry Baccino, "Effects of Valence and Emotional Intensity on the Comprehension and Memorization of Texts," *Frontiers in Psychology* 10 (2019), https://doi.org/10.3389/fpsyg.2019.00179.

56   Heather Craig, "The Theories of Emotional Intelligence Explained," PositivePsychology.com, August 2019, https://positivepsychology.com/emotional-intelligence-theories/.

57   John D. Mayer, Richard D. Roberts, and Sigal G. Barsade, "Hu-

man Abilities: Emotional Intelligence," *Annual Review of Psychology* 59, no. 1 (2008): 507–36, https://doi.org/10.1146/annurev.psych.59.103006.093646.

58 J. D. Mayer, P. Salovey, and D. R. Caruso, "Emotional Intelligence: New Ability or Eclectic Traits?," *American Psychologist* 63, no. 6 (2008): 503–17, https://doi.org/10.1037/0003-066x.63.6.503.

59 Hassan Farrahi, Seyed Mousa Kafi, Tamjid Karimi, and Robabeh Delazar, "Emotional Intelligence and Its Relationship with General Health Among the Students of University of Guilan, Iran," *Iranian Journal of Psychiatry and Behavioral Sciences* 9, no. 3 (2015), https://doi.org/10.17795/ijpbs-1582.

60 Dana L. Joseph, Jing Jin, Daniel A. Newman, and Ernest H. O'Boyle, "Why Does Self-Reported Emotional Intelligence Predict Job Performance? A Meta-Analytic Investigation of Mixed EI," *Journal of Applied Psychology* 100, no. 2 (2015): 298–342, https://doi.org/10.1037/a0037681.

61 Robert Kerr, John Garvin, Norma Heaton, and Emily Boyle, "Emotional Intelligence and Leadership Effectiveness," *Leadership & Organization Development Journal* 27, no. 4 (2006): 265–79, https://doi.org/10.1108/01437730610666028.

62 Kelly C. Bass, "Was Dr. Martin Luther King Jr. a Highly Sensitive Person?" Highly Sensitive Refuge, February 4, 2022, https://highlysensitiverefuge.com/was-dr-martin-luther-king-jr-a-highly-sensitive-person/.

63 Bruce Springsteen, *Born to Run* (New York: Simon & Schuster, 2017).

64 Springsteen, *Born to Run*.

65 Bruce Springsteen, "Bruce Springsteen: On Jersey, Masculinity and Wishing to Be His Stage Persona," interview by Terry Gross, *Fresh Air,* NPR, October 5, 2016, https://www.npr.org/2016/10/05/496639696/bruce-springsteen-on-jersey-masculinity-and-wishing-to-be-his-stage-persona.

第四章 应对"过度刺激"的一套方法

1　Alicia Davies, email correspondence with authors, March 13, 2022.

2　Alicia Davies, "This Is What Overstimulation Feels Like for HSPs," Highly Sensitive Refuge, October 14, 2019, https:// highlysensitiverefuge. com/what-overstimulation-feels-like/.

3　Davies, "What Overstimulation Feels Like."

4　同上。

5　同上。

6　同上。

7　Larissa Geleris, interview with authors via Zoom, June 28, 2021.

8　Geleris, interview.

9　同上。

10　同上。

11　同上。

12　同上。

13　同上。

14　同上。

15　Paul Gilbert, interview with authors via Zoom, July 14, 2021.

16　Daniel Goleman, *Emotional Intelligence* (New York: Bantam Books, 2005).

17　Gilbert, interview.

18　同上。

19　Davies, email correspondence.

20　Lama Lodro Zangmo, email correspondence with authors, April 15, 2022.

21　Zangmo, email correspondence.

22　Tom Falkenstein, Elaine Aron, and Ben Fergusson, *The Highly Sensitive Man: Finding Strength in Sensitivity* (New York: Citadel Press, 2019).

23　Geleris, interview.

24　同上。

25 Falkenstein, Aron, and Fergusson, *Highly Sensitive Man.*

26 Julie Bjelland, "This Simple Mental Trick Has Helped Thousands of HSPs Stop Emotional Overload," Highly Sensitive Refuge, December 12, 2018, https://highlysensitiverefuge.com/highly-sensitive-people-trick-bypass-emotional-overload/.

27 Bjelland, "This Simple Mental Trick."

28 Stephen C. Hayes and Spencer Xavier Smith, *Get Out of Your Mind and Into Your Life: The New Acceptance & Commitment Therapy* (Oakland, CA: New Harbinger Publications, 2005).

29 Steven C. Hayes, "The Shortest Guide to Dealing with Emotions: People Often Avoid Emotions Instead of Confronting Them," *Psychology Today,* April 13, 2021, https://www.psychologytoday.com/us/blog/get-out-your-mind/202104/the-shortest-guide-dealing-emotions.

30 Carolyn Cole, "How to Embrace Your 'Play Ethic' as a Highly Sensitive Person," Highly Sensitive Refuge, June 14, 2021, https://highlysensitiverefuge.com/how-to-embrace-your-play-ethic-as-a-highly-sensitive-person/.

31 Cole, "Embrace Your 'Play Ethic.'"

32 Geleris, interview.

第五章　同理心改造升级计划

1 Rachel Horne, "Sensitive and Burned Out? You Might Be Ready for the Nomad Life," Highly Sensitive Refuge, October 19, 2020, https://highly-sensitiverefuge.com/ready-for-the-nomad-life/.

2 Rachel Horne, interview with authors via Zoom, June 11, 2021.

3 Horne, interview.

4 Rachel Horne, "As an HSP, the Hermit's Life Is the Best Life for Me," Highly Sensitive Refuge, July 26, 2021, https://highlysensitiverefuge.com/as-an-hsp-the-hermits-life-is-the-best-life-for-me/.

5 Qing Yang and Kevin Parker, "Health Matters: Turnover in the Health Care Workforce and Its Effects on Patients," *State Journal-Register,* March 14, 2022, https://www.sj-r.com/story/news/healthcare/2022/03/14/turnover-health-care-workforce-and-its-effects-patients/7001765001/.

6 T. L. Chartrand and J. A. Bargh, "The Chameleon Effect: The Perception-Behavior Link and Social Interaction," *Journal of Personality and Social Psychology* 76, no. 6 (1999): 893–910, https://doi.org/10.1037//0022–3514.76.6.893.

7 Gary W. Lewandowski Jr., "Is a Bad Mood Contagious?," *Scientific American Mind* 23, no. 3 (2012): 72, https://doi.org/10.1038/scientificamericanmind0712-72a.

8 Sherrie Bourg Carter, "Emotions Are Contagious: Choose Your Company Wisely," *Psychology Today,* October 20, 2012, https://www.psychologytoday.com/us/blog/high-octane-women/201210/emotions-are-contagious-choose-your-company-wisely.

9 Elaine Hatfield, John T. Cacioppo, and Richard L. Rapson, *Emotional Contagion* (Cambridge: Cambridge University Press, 2003).

10 Bourg Carter, "Emotions Are Contagious."

11 同上。

12 Hatfield, Cacioppo, and Rapson, *Emotional Contagion*.

13 Kelly McGonigal, "How to Overcome Stress by Seeing Other People's Joy," *Greater Good,* July 15, 2017, https://greatergood.berkeley.edu/article/item/how_to_overcome_stress_by_seeing_other_peoples_joy.

14 Ronald Siegel, interview with authors via Zoom, June 3, 2021.

15 Ronald Siegel, "Overcoming Burnout: Moving from Empathy to Compassion," *Praxis,* July 3, 2019, https://www.praxiscet.com/posts/overcoming-burnout-moving-from-empathy-to-compassion/.

16 Siegel, "Overcoming Burnout."

17 Tania Singer and Olga M. Klimecki, "Empathy and Compassion," *Current Biology* 24, no. 18 (2014): R875–78, https://doi.org/10.1016/

j.cub.2014.06.054.

18 Denise Lavoie, "Two 9/11 Widows Raise Funds to Help Bereaved Afghan Women," Boston.com, August 4, 2010, http://archive.boston.com/news/local/massachusetts/articles/2010/08/04/two_911_widows_raise_funds_to_help_bereaved_afghan_women/.

19 Davidson, "Tuesday Tip."

20 Antoine Lutz, Julie Brefczynski-Lewis, Tom Johnstone, and Richard J. Davidson, "Regulation of the Neural Circuitry of Emotion by Compassion Meditation: Effects of Meditative Expertise," *PLoS ONE* 3, no. 3 (2008): e1897, https://doi.org/10.1371/journal.pone.0001897.

21 Richard Davidson, "Tuesday Tip: Shift from Empathy to Compassion," Healthy Minds Innovations, December 8, 2020, https://hminnovations.org/blog/learn-practice/tuesday-tip-shift-from-empathy-to-compassion.

22 Richard Davidson, Healthy Minds Program app, Healthy Minds Innovations, https://hminnovations.org/meditation-app.

23 Healthy Minds Innovations, "Wishing Your Loved Ones Well: Seated Practice," SoundCloud, 2021, https://soundcloud.com/user-984650879/wishing-your-loved-ones-well-seated-practice.

24 Healthy Minds Innovations, "Wishing Your Loved Ones Well."

25 Matthieu Ricard, "Interview with Matthieu Ricard," interview by Taking Charge of Your Health & Wellbeing, University of Minnesota, 2016, https://www.takingcharge.csh.umn.edu/interview-matthieu-ricard.

26 Ricard, "Interview."

27 同上。

28 Dorian Peters and Rafael Calvo, "Compassion vs. Empathy," *Interactions* 21, no. 5 (2014): 48–53, https://doi.org/10.1145/2647087; and Jennifer L. Goetz, Dacher Keltner, and Emiliana Simon-Thomas, "Compassion: An Evolutionary Analysis and Empirical Review," *Psychological Bulletin* 136, no. 3 (2010): 351–74, https://doi.org/10.1037/a0018807.

29 Peters and Calvo, "Compassion vs. Empathy"; and Goetz et al., "Com-

passion."

30 McGonigal, "Seeing Other People's Joy."

31 Brooke Nielsen, interview with authors via Zoom, June 4, 2021.

32 Horne, interview.

33 同上。

34 同上。

35 Horne, "Sensitive and Burned Out?"

第六章　全心的爱

1 Brian R. Johnston and Sarah Johnston, interview with authors via Zoom, August 12, 2021.

2 Brian R. Johnston, "My High Sensitivity Saved My Marriage. But First, It Almost Ruined It," Highly Sensitive Refuge, November 4, 2020, https://highlysensitiverefuge.com/my-high-sensitivity-saved-my-marriage/.

3 Johnston and Johnston, interview.

4 同上。

5 同上。

6 同上。

7 同上。

8 Elain Aron, *The Highly Sensitive Person in Love: Understanding and Managing Relationships When the World Overwhelms You* (New York: Harmony Books, 2016).

9 Aron, *Highly Sensitive Person in Love*.

10 同上。

11 Daniel A. Cox, "The State of American Friendship: Change, Challenges, and Loss," Survey Center on American Life, June 8, 2021, https://www.americansurveycenter.org/research/the-state-of-american-friendship-change-challenges-and-loss/.

12 Julianne Holt-Lunstad, Timothy B. Smith, and J. Bradley Layton, "So-

cial Relationships and Mortality Risk: A Meta-Analytic Review," *PLoS Medicine* 7, no. 7 (2010), https://doi.org/10.1371/journal.pmed.1000316.

13　Office of Public Affairs, "Seven Reasons Why Loving Relationships Are Good for You," University of Utah, February 14, 2017, https://health-care.utah.edu/healthfeed/postings/2017/02/relationships.php.

14　Johnny Wood, "Why Workplace Friendships Can Make You Happier and More Productive," World Economic Forum, November 22, 2019, https://www.weforum.org/agenda/2019/11/friends-relationships-work-produc-tivity-career/.

15　"The Health Benefits of Strong Relationships," Harvard Health Pub-lishing, November 22, 2010, https://www.health.harvard.edu/stay-ing-healthy/the-health-benefits-of-strong-relationships.

16　Margaret S. Clark, Aaron Greenberg, Emily Hill, Edward P. Lemay, Elizabeth Clark-Polner, and David Roosth, "Heightened Interpersonal Security Diminishes the Monetary Value of Possessions," *Journal of Experimental Social Psychology* 47, no. 2 (2011): 359–64, https://doi.org/10.1016/j.jesp.2010.08.001.

17　"War and Peace and Cows," presented by Noel King and Gregory War-ner, *Planet Money*, NPR, November 15, 2017, https://www.npr.org/tran-scripts/563787988.

18　Eli J. Finkel. *The All-or-Nothing Marriage: How the Best Marriages Work* (New York: Dutton, 2017); and Eli J. Finkel, "The All-or-Nothing Marriage," *New York Times,* February 14, 2014, https://www.nytimes.com/2014/02/15/opinion/sunday/the-all-or-nothing-marriage.html.

19　*Sideways,* directed by Alexander Payne (Fox Searchlight Pictures, 2004), DVD.

20　John Gottman, *The Marriage Clinic: A Scientifically-Based Marital Therapy* (New York: Norton, 1999); and B. J. Atkinson, *Emotional Intel-ligence in Couples Therapy: Advances in Neurobiology and the Science of Intimate Relationships* (New York: Norton, 2005).

21 Megan Griffith, "How to Survive a Fight with Your Partner When You're the Sensitive One," Highly Sensitive Refuge, February 19, 2020, https://highlysensitiverefuge.com/how-to-survive-a-fight-with-your-partner-when-youre-the-sensitive-one/.

22 April Snow, email correspondence with authors, September 1, 2021.

23 Snow, email correspondence.

24 同上。

25 William A. Eddy, *It's All Your Fault!: 12 Tips for Managing People Who Blame Others for Everything* (San Diego: High Conflict Institute Press, 2008).

26 Lisa Firestone, "4 Ways to Say (and Get) What You Want in Your Relationship," *Psychology Today,* December 11, 2015, https://www.psychologytoday.com/us/blog/compassion-matters/201512/4-ways-say-and-get-what-you-want-in-your-relationship.

27 Firestone, "4 Ways to Say."

28 同上。

29 Brené Brown, *Daring Greatly: How the Courage to Be Vulnerable Transforms the Way We Live, Love, Parent, and Lead* (New York: Gotham Books, 2012).

30 Robert Glover, *No More Mr. Nice Guy: A Proven Plan for Getting What You Want in Love, Sex, and Life* (Philadelphia: Running Press, 2017).

31 Seth Godin and Hugh MacLeod, *V Is for Vulnerable: Life Outside the Comfort Zone* (New York: Penguin, 2012).

32 Deborah Ward, "The HSP Relationship Dilemma: Are You Too Sensitive or Are You Neglecting Yourself?" *Psychology Today,* February 2, 2018, https://www.psychologytoday.com/us/blog/sense-and-sensitivity/201802/the-hsp-relationship-dilemma.

33 Sharon Martin, "How to Set Boundaries with Toxic People," Live Well with Sharon Martin, December 14, 2017, https://www.livewellwithsharonmartin.com/set-boundaries-toxic-people/.

34 Sharon Martin, email correspondence with authors, April 3, 2022.

35 Martin, "Boundaries with Toxic People."

36 Martin, email correspondence.

37 Johnston and Johnston, interview.

38 同上。

39 同上。

第七章　将孩子的高敏感转化为优势

1 Elaine Aron, "For Highly Sensitive Teenagers," part 1, "Feeling Different," The Highly Sensitive Person, February 28, 2008, https://hsperson.com/for-highly-sensitive-teenagers-feeling-different/.

2 Bianca Acevedo, *The Highly Sensitive Brain: Research, Assessment, and Treatment of Sensory Processing Sensitivity* (San Diego: Academic Press, 2020).

3 Barak Morgan, Robert Kumsta, Pasco Fearon, Dirk Moser, Sarah Skeen, Peter Cooper, Lynne Murray, Greg Moran, and Mark Tomlinson, "Serotonin Transporter Gene (*SLC6A4*) Polymorphism and Susceptibility to a Home-Visiting Maternal-Infant Attachment Intervention Delivered by Community Health Workers in South Africa: Reanalysis of a Randomized Controlled Trial," *PLOS Medicine* 14, no. 2 (2017): e1002237, https://doi.org/10.1371/journal.pmed.1002237.

4 Michael Pluess, Stephanie A. De Brito, Alice Jones Bartoli, Eamon McCrory, Essi Viding, "Individual Differences in Sensitivity to the Early Environment as a Function of Amygdala and Hippocampus Volumes: An Exploratory Analysis in 12-Year-Old Boys," *Development and Psychopathology* (2020): 1–10, https://doi.org/10.1017/S0954579420001698.

5 Brandi Stupica, Laura J. Sherman, and Jude Cassidy, "Newborn Irritability Moderates the Association Between Infant Attachment Security and Toddler Exploration and Sociability," *Child Development* 82, no. 5 (2011):

1381–89, https://doi.org/10.1111/j.1467-8624.2011.01638.x.

6 W. Thomas Boyce, *The Orchid and the Dandelion: Why Some Children Struggle and How All Can Thrive* (New York: Alfred A. Knopf, 2019).

7 Maureen Gaspari, "Discipline Strategies for the Sensitive Child," The Highly Sensitive Child, August 28, 2018, https://www.thehighlysensitivechild.com/discipline-strategies-for-the-sensitive-child/.

8 Monika Baryła-Matejczuk, Małgorzata Artymiak, Rosario Ferrer-Cascales, and Moises Betancort, "The Highly Sensitive Child as a Challenge for Education: Introduction to the Concept," *Problemy Wczesnej Edukacji* 48, no. 1 (2020): 51–62, https://doi.org/10.26881/pwe.2020.48.05.

9 Amanda Van Mulligen, "Why Gentle Discipline Works Best with the Highly Sensitive Child," Highly Sensitive Refuge, March 27, 2019, https://highlysensitiverefuge.com/highly-sensitive-child-gentle-discipline/.

10 Baryła-Matejczuk, "Challenge for Education."

11 Gaspari, "Discipline Strategies."

12 Kimberley Brindle, Richard Moulding, Kaitlyn Bakker, and Maja Nedeljkovic, "Is the Relationship Between Sensory-Processing Sensitivity and Negative Affect Mediated by Emotional Regulation?," *Australian Journal of Psychology* 67, no. 4 (2015): 214–21, https://doi.org/10.1111/ajpy.12084.

13 John Gottman, Lynn Fainsilber Katz, and Carole Hooven, *Meta-Emotion: How Families Communicate Emotionally* (New York: Routledge, 2013).

14 G. Young, and J. Zeman, "Emotional Expression Management and Social Acceptance in Childhood," poster presented at Society for Research in Child Development, Tampa, FL, April 2003.

15 Susan Adams, Janet Kuebli, Patricia A. Boyle, and Robyn Fivush, "Gender Differences in Parent-Child Conversations About Past Emotions: A Longitudinal Investigation," *Sex Roles* 33 (1995): 309–23, https://link.

springer.com/article/10.1007/BF01954572.

16　Robyn Fivush, "Exploring Sex Differences in the Emotional Context of Mother-Child Conversations About the Past," *Sex Roles* 20 (1989): 675–91, https://link.springer.com/article/10.1007/BF00288079.

17　Susanne A. Denham, Susan Renwick-DeBardi, and Susan Hewes, "Affective Communication Between Mothers and Preschoolers: Relations with Social Emotional Competence,"*Merrill-Palmer Quarterly* 40 (1994): 488–508, www.jstor.org/stable/23087919.

18　Young and Zeman, "Emotional Expression Management"; Adams et al., "Gender Differences in Parent-Child Conversations"; Fivush, "Exploring Sex Differences"; and Denham et al., "Mothers and Preschoolers."

19　Peter A. Wyman, Wendi Cross, C. Hendricks Brown, Qin Yu, Xin Tu, and Shirley Eberly, "Intervention to Strengthen Emotional Self-Regulation in Children with Emerging Mental Health Problems: Proximal Impact on School Behavior," *Journal of Abnormal Child Psychology* 38, no. 5 (2010): 707–20, https://doi.org/10.1007/s10802-010-9398-x.

第八章　重塑你的工作

1　Bhavini Shrivastava, "Identify and Unleash Your Talent," BCS, The Chartered Institute for IT, July 24, 2019, https://www.bcs.org/articles-opinion-and-research/identify-and-unleash-your-talent/.

2　Linda Binns, "Why Your Workplace Doesn't Value HSPs—and How to Change That," Highly Sensitive Refuge, October 11, 2021, https://highly-sensitiverefuge.com/why-your-workplace-doesnt-value-hsps-and-how-to-change-that/.

3　Binns, "Workplace Doesn't Value HSPs."

4　Anne Marie Crosthwaite, "I Am a Highly Sensitive Person. Here's What I Wish More People Knew About HSPs," MindBodyGreen, August 4, 2017, https://www.mindbodygreen.com/articles/i-am-a-highly-sensitive-personheres-what-i-wish-more-people-knew-about-hsps/.

5 Naina Dhingra, Andrew Samo, Bill Schaninger, and Matt Schrimper, "Help Your Employees Find Purpose—or Watch Them Leave," McKinsey & Company, April 5, 2021, https://www.mckinsey.com/business-functions/ people-and-organizational-performance/our-insights/help-your-employ- ees-find-purpose-or-watch-them-leave.

6 Shawn Achor, Andrew Reece, Gabriella Kellerman, and Alexi Robichaux, "9 out of 10 People Are Willing to Earn Less Money to Do More-Mean- ingful Work," *Harvard Business Review,* November 6, 2018, https://hbr. org/2018/11/9-out-of-10-people-are-willing-to-earn-less-money-to-do- more-meaningful-work.

7 Reece, "Meaning and Purpose at Work."

8 Jennifer Aniston, "Nicole Kidman Steps into Spring," *Harper's Bazaar,* January 5, 2011, https://www.harpersbazaar.com/celebrity/latest/news/ a643/nicole-kidman-interview-0211/.

9 Lauren Effron, "Dolly Parton Opens Up About Song Inspirations, Being 'Aunt Dolly' to Female Country Artists and Those Tattoos," *ABC News,* November 11, 2019, https://abcnews.go.com/Entertainment/dolly-par- ton-opens-song-inspirations-aunt-dolly-female/story?id=66801989.

10 Rob Haskell, "Good Lorde! Behind the Blissed-Out Comeback of a Pop Iconoclast," *Vogue,* September 8, 2021, https://www.vogue.com/article/ lorde-cover-october-2021.

11 Tatiana Siegel, " 'Rocketman' Takes Flight: Inside Taron Egerton's Transformation into Elton John (and, He Hopes, a Major Star)," *Holly- wood Reporter,* May 6, 2019, https://www.hollywoodreporter.com/mov- ies/movie-features/rocketman-takes-taron-egertons-transformation-el- ton-john-1207544/.

12 Carolyn Gregoire, "Why So Many Artists Are Highly Sensitive People," *HuffPost,* December 28, 2015, https://www.huffpost.com/entry/art- ists-sensitive-creative_n_567f02dee4b0b958f6598764?u4ohia4i=.

13 *Sensitive: The Untold Story,* directed by Will Harper (Global Touch Group, Inc., 2015), DVD.

14 Bruce Springsteen, "Bruce Springsteen: On Jersey, Masculinity and Wishing to Be His Stage Persona," interview by Terry Gross, *Fresh Air,* NPR, October 5, 2016, https://www.npr.org/2016/10/05/496639696/bruce-springsteen-on-jersey-masculinity-and-wishing-to-be-his-stage-persona.

15 Scott Barry and Carolyn Gregoire, *Wired to Create: Unraveling the Mysteries of the Creative Mind* (New York: TarcherPerigee, 2016).

16 Barry and Gregoire, *Wired to Create.*

17 Barrie Jaeger, *Making Work Work for the Highly Sensitive Person* (New York: McGraw-Hill, 2004).

18 Cal Newport, interview with authors via Zoom, April 29, 2021.

19 Newport, interview.

20 同上。

21 同上。

22 同上。

23 同上。

24 David Zax, "Want to Be Happier at Work? Learn How from These 'Job Crafters,' " *Fast Company,* June 3, 2013, https://www.fastcompany.com/3011081/want-to-be-happier-at-work-learn-how-from-these-job-crafters.

25 Amy Wrzesniewski and Jane E. Dutton, "Crafting a Job: Revisioning Employees as Active Crafters of Their Work," *Academy of Management Review* 26, no. 2 (2001): 179–201, https://doi.org/10.5465/amr.2001.4378011; and Justin M. Berg, Jane E. Dutton, and Amy Wrzesniewski, "Job Crafting and Meaningful Work," in *Purpose and Meaning in the Workplace,* ed. Bryan J. Dik, Zinta S. Byrne, and Michael F. Steger (Washington, DC: American Psychological Association, 2013).

26 Rebecca Fraser-Thill, "The 5 Biggest Myths About Meaningful Work,"

Forbes, August 7, 2019, https://www.forbes.com/sites/rebeccafrasert-hill/2019/08/07/the-5-biggest-myths-about-meaningful-work/?sh=7c-da524770b8; Catherine Bailey, "What Makes Work Meaningful—or Meaningless," *MIT Sloan Management Review,* June 1, 2016, https://sloanreview.mit.edu/article/what-makes-work-meaningful-or-meaning-less/; Amy Wrzesniewski, Nicholas LoBuglio, Jane E. Dutton, and Justin M. Berg, "Job Crafting and Cultivating Positive Meaning and Identity in Work," *Advances in Positive Organizational Psychology* (2013): 281–302, https://doi.org/10.1108/s2046-410x(2013)0000001015; Wrz-esniewski and Dutton, "Crafting a Job"; and Justin M. Berg, Amy Wrz-esniewski, and Jane E. Dutton, "Perceiving and Responding to Chal-lenges in Job Crafting at Different Ranks: When Proactivity Requires Adaptivity," *Journal of Organizational Behavior* 31, no. 2–3 (2010): 158–86, https://doi.org/10.1002/job.645.

27 Berg et al., "Challenges in Job Crafting."

28 Tom Rath, "Job Crafting from the Outside In," *Harvard Business Re-view,* March 24, 2020, https://hbr.org/2020/03/job-crafting-from-the-out-side-in; and Wrzesniewski and Dutton, "Crafting a Job," 187, 193–194.

29 Cort W. Rudolph, Ian M. Katz, Kristi N. Lavigne, and Hannes Zacher, "Job Crafting: A Meta-Analysis of Relationships with Individual Diffe-rences, Job Characteristics, and Work Outcomes," *Journal of Vocational Behavior* 102 (2017): 112–38, https://doi.org/10.1016/j.jvb.2017.05.008.

30 Alessio Gori, Alessandro Arcioni, Eleonora Topino, Letizia Palazzeschi, and Annamaria Di Fabio, "Constructing Well-Being in Organizations: First Empirical Results on Job Crafting, Personality Traits, and Insight," *International Journal of Environmental Research and Public Health* 18, no. 12 (2021): 6661, https://doi.org/10.3390/ijerph18126661.

31 Wrzesniewski and Dutton, "Crafting a Job"; and Berg et al., "Job Craft-ing and Meaningful Work."

32 Wrzesniewski and Dutton, "Crafting a Job"; and Berg et al., "Job Craft-

ing and Meaningful Work," pp. 89–92.

33 Wrzesniewski and Dutton, "Crafting a Job," 185–86.

34 Wrzesniewski and Dutton, "Crafting a Job"; and Berg et al., "Job Craft-ing and Meaningful Work," 86–87.

35 L. Meyers, "Social Relationships Matter in Job Satisfaction," *American Psychological Association* 38, no. 4 (2007), https://www.apa.org/moni-tor/apr07/social.

36 Wrzesniewski and Dutton, "Crafting a Job"; and Berg et al., "Job Craft-ing and Meaningful Work," 87–89.

37 Berg et al., "Challenges in Job Crafting."

38 Newport, interview.

第九章　敏感革命

1 "The Bank War," presented by Jacob Goldstein and Robert Smith, *Planet Money,* NPR, March 24, 2017, https://www.npr.org/transcripts/521436839; and Martin A. Armstrong, "Panic of 1837," Armstrong Economics, Prin-ceton Economic Institute, n.d., https://www.armstrongeconomics.com/pan-ic-of-1837/.

2 Wikipedia, s.v. "Long Depression," updated December 13, 2020, https://en.wikipedia.org/wiki/Long_Depression.

3 U.S. Department of the Interior, National Park Service, "The Baltimore and Ohio Railroad Martinsburg Shops," National Historical Landmark Nomination document, July 31, 2003, 41, https://npgallery.nps.gov/pdf-host/docs/NHLS/Text/03001045.pdf.

4 "Her Life: The Woman Behind the New Deal," Frances Perkins Center, 2022, http://francesperkinscenter.org/life-new/.

5 "Her Life."

6 同上。

7 Tomlin Perkins Coggeshall, founder of the Frances Perkins Center, inter-

view with authors via Zoom, September 16, 2021.

8   Frances Perkins and J. Paul St. Sure, *Two Views of American Labor* (Los Angeles: Institute of Industrial Relations, University of California, 1965), 2.

9   Brian Dunleavy, "Did New Deal Programs Help End the Great Depression?," *History*, September 10, 2018, https://www.history.com/.amp/news/new-deal-effects-great-depression.

10 Keith Johnstone and Irving Wardle, *Impro: Improvisation and the Theatre* (New York: Bloomsbury Academic, 2019).

11 Johnstone, *Impro*.

12 Assael Romanelli, "The Key to Unlocking the Power Dynamic in Your Life," *Psychology Today,* November 27, 2019, https://www.psychology-today.com/us/blog/the-other-side-relationships/201911/the-key-unlocking-the-power-dynamic-in-your-life.

13 Susan Cain, "7 Tips to Improve Communication Skills," April 20, 2015, https://susancain.net/7-ways-to-use-powerless-communication/#.

14 Daniel Goleman and Richard E. Boyatzis, "Social Intelligence and the Biology of Leadership," *Harvard Business Review,* October 31, 2016, https://hbr.org/2008/09/social-intelligence-and-the-biology-of-leadership.

15 Goleman and Boyatzis, "Social Intelligence."

16 同上。

17 Tracy Brower, "Empathy Is the Most Important Leadership Skill According to Research," *Forbes,* September 19, 2021, https://www.forbes.com/sites/tracybrower/2021/09/19/empathy-is-the-most-important-leadership-skill-according-to-research/?sh=15d7a3453dc5.

18 Eric Owens, "Why Highly Sensitive People Make the Best Leaders," Highly Sensitive Refuge, March 4, 2020, https://highlysensiverefuge.com/why-highly-sensitive-people-make-the-best-leaders/.

19 Adrienne Matei, "What Is 'Nunchi,' the Korean Secret to Happiness?," *Guardian*, November 11, 2019, https://www.theguardian.com/lifeand-

style/2019/nov/11/what-is-nunchi-the-korean-secret-to-happiness.

20   Matei, "What Is 'Nunchi'?"

21   Emma Seppälä, "The Hard Data on Being a Nice Boss," *Harvard Business Review,* November 24, 2014, https://hbr.org/2014/11/the-hard-data-on-being-a-nice-boss.

22   Owens, "Make the Best Leaders."

23   Elaine Aron, *The Highly Sensitive Person: How to Thrive When the World Overwhelms You* (New York: Broadway Books, 1998).

24   Brittany Blount, "Being an HSP Is a Superpower—but It's Almost Impossible to Explain It," Highly Sensitive Refuge, March 4, 2019, https://highlysensitiverefuge.com/highly-sensitive-person-hsp-superpower/.

25   Blount, "Being an HSP Is a Superpower."

26   同上。

27   Brian Duignan, "Gaslighting," *Encyclopedia Britannica,* n.d., https://www.britannica.com/topic/gaslighting.

28   Julie L. Hall, "When Narcissists and Enablers Say You're Too Sensitive," *Psychology Today,* February 21, 2021, https://www.psychology-today.com/us/blog/the-narcissist-in-your-life/202102/when-narcissists-and-enablers-say-youre-too-sensitive.

29   Hall, "Narcissists and Enablers."

30   Kurt Vonnegut, "Physicist, Heal Thyself," *Chicago Tribune,* June 22, 1969.